Anwendung programmierbarer Taschenrechner

Band 2

von Helmut Alt

Anwendung programmierbarer Taschenrechner

Band 2

Helmut Alt

Allgemeine Elektrotechnik
Nachrichtentechnik
Impulstechnik

für UPN-Rechner

Friedr. Vieweg & Sohn Braunschweig / Wiesbaden

CIP-Kurztitelaufnahme der Deutschen Bibliothek

Alt, Helmut:
Allgemeine Elektrotechnik, Nachrichtentechnik, Impulstechnik/Helmut Alt. – Braunschweig, Wiesbaden: Vieweg, 1980.
(Anwendung programmierbarer Taschenrechner; Bd. 2)
ISBN 978-3-528-04151-9 ISBN 978-3-322-96312-3 (eBook)
DOI 10.1007/978-3-322-96312-3

Satz: Friedr. Vieweg & Sohn, Braunschweig

ISBN 978-3-528-04151-9

Vorwort

Die mit Band 1 begonnene Reihe *Anwendung programmierbarer Taschenrechner* wird mit dem vorliegenden Band 2 zu den Fachgebieten *Allgemeine Elektrotechnik, Nachrichtentechnik* und *Impulstechnik* fortgesetzt.

Dieser Band wendet sich insbesondere an Ingenieure der Elektrotechnik aus Entwicklungs-, Labor- und Betriebsbereichen, die an einer rationellen und systematischen Bearbeitung sich wiederholender Aufgabenstellungen aus den genannten Fachgebieten interessiert sind. Studenten an Technischen Hochschulen und Fachhochschulen erhalten einen Einblick in die Möglichkeiten und Grenzen der Anwendung programmierbarer Taschenrechner.

Dem Leser wird ein Nachschlagefundus mit Beispielen für programmierte Aufgabenlösungen praktischer Anwendungsfälle in die Hand gegeben. Die hierbei gegebenen Programmierhinweise haben den Zweck, die Ausarbeitung spezieller, auf die eigene Problemstellung zugeschnittene Programme zu erleichtern.

Zu den Aufgabenstellungen werden die mathematischen Grundlagen nur soweit dargestellt, wie es zur Programmierung des Lösungsalgorithmus erforderlich ist. Zum tieferen Eindringen in die jeweilige Thematik wird auf die vorhandene Fachliteratur verwiesen.

Die angegebenen Programme sind auf die UPN-Technik HP-67 und HP-97 mit externem Magnetkarten-Speicher zugeschnitten. Mit Hilfe der angegebenen Lösungsgleichungen und den Hinweisen zu der jeweiligen Programmstruktur sind die Programme jedoch auch auf andere Rechnersysteme übertragbar. Der Verfasser geht davon aus, daß die den Rechnern aller Systeme zugehörigen Bedienungshandbücher und die hierzu vorliegende Sekundärliteratur alle Fragen zur eigentlichen Bedienung und praktischen Einübung umfassend beantworten.

Der vorliegende Band soll als Lehr- und Arbeitsbuch eine Brücke zwischen den objektiven Möglichkeiten der Technik (Hardware) und den subjektiven Fähigkeiten zu einer rechnergerechten Problemanalyse und rationellen Problemlösung (Software) bauen.

Dank gebührt auch für diesen Band Herrn Dipl.-Ing. *J. Hildebrandt* für viele fruchtbringende Fachdiskussionen und Anregungen. Weiter habe ich wiederum zu danken Frau *E. Lindenlauf* für die Übernahme der Schreibarbeiten und Frau *G. Stüsser* für die Ausführung der Zeichenarbeiten. Danken möchte ich auch Herrn *H.-J. Niclas*, Lektor im Verlag Vieweg, für die fortdauernd gute Betreuung der Arbeit und dem Verlag für die gute Aufnahme. Nicht zuletzt gilt besonderer Dank meiner Frau und meinen Kindern, durch deren Verständnis mir auch die Bearbeitung dieses Bandes wiederum möglich wurde.

Aachen–Brand, Juli 1979

Inhaltsverzeichnis

1 Einführung ... 1

1.1 Allgemeines ... 1
1.2 Modularer Programmaufbau ... 2
1.3 Standard-Unterprogramme ... 2
1.3.1 Komplexe Grundoperationen ... 2
1.3.2 Hyperbelfunktionen ... 4
1.3.3 Periodische Schaltfunktionen ... 5
1.4 Zahlenbereichsüberschreitung ... 8

2 Allgemeine Elektrotechnik ... 12

2.1 Netzwerkberechnung ... 12
2.1.1 Netzwerke mit reellen Widerständen ... 13
2.1.2 Programmstruktur ... 14
2.1.3 Programmbeschreibung „Reelle Netzwerkberechnung" ... 15
2.1.4 Test- und Anwendungsbeispiele ... 17
2.1.5 Netzwerke mit komplexen Widerständen ... 20
2.1.6 Anwendungsbeispiel einer komplexen Netzwerkberechnung ... 21
2.2 Übergangsvorgänge 1. Ordnung ... 23
2.2.1 Programmbeschreibung „Übergangsvorgang 1. Ordnung" ... 23
2.2.2 Anwendungsbeispiel ... 24
2.3 Freie Schwingung in elektrischen Stromkreisen ... 25
2.3.1 Einschaltvorgang eines RLC-Kreises ... 25
2.3.2 Anfangsbedingungen ... 26
2.3.3 Aufgeladener, elektrischer Energiespeicher ... 26
2.3.4 Erregter, magnetischer Energiespeicher ... 28
2.3.5 Programmbeschreibung „Freie Schwingung C" ... 29
2.3.6 Test- und Anwendungsbeispiele ... 31
2.3.7 Programmbeschreibung „Freie Schwingung L" ... 34
2.3.8 Anwendungsbeispiel ... 34
2.4 Netzwerkumwandlung ... 35
2.4.1 Stern-Dreieck-Umwandlung ... 36
2.4.2 Dreieck-Stern-Umwandlung ... 36
2.4.3 Programmbeschreibung „Netzwerkumwandlung" ... 37
2.4.4 Test- und Anwendungsbeispiele ... 39
2.5 Harmonische Analyse ... 40
2.5.1 Numerische Berechnung der Fourier-Koeffizienten ... 40
2.5.2 Effektivwert und Klirrfaktorberechnung ... 41
2.5.3 Programmbeschreibung „Harmonische Analyse 2" ... 42
2.5.4 Test- und Anwendungsbeispiele ... 44

3 Nachrichtentechnik 52

3.1 Schwingkreisberechnung 52
3.1.1 Programmstruktur 53
3.1.2 Programmbeschreibung „Schwingkreisberechnung" 53
3.1.3 Testbeispiel 55
3.2 Wellen- und Betriebsparameter passiver Filter 56
3.2.1 Allgemeines Reaktanz-Halbglied 56
3.2.2 Berechnung der Filterelemente 57
3.2.3 Berechnung der Wellenparameter 57
3.2.4 Berechnung der Betriebsparameter 58
3.2.5 Programmstruktur „Filterberechnung" 60
3.2.6 Programmbeschreibung 61
3.2.7 Test- und Anwendungsbeispiele 61
3.3 Aktive Filter 73
3.3.1 Aktiver Tiefpaß 73
3.3.2 Aktiver Hochpaß 75
3.3.3 Aktiver Bandpaß 77
3.3.4 Programmbeschreibung „Sprungantwort aktiver Filter" 79
3.3.5 Programmbeschreibung „Amplituden- und Phasengang" 79
3.3.6 Test- und Anwendungsbeispiele 81
3.4 Übertragungsverhalten elektrischer Netzwerke 85
3.4.1 Übertragungsfunktion 85
3.4.2 Eingangsimpedanz 88
3.4.3 Programmbeschreibung „Übertragungsfunktion" 88
3.4.4 Test- und Anwendungsbeispiele 90
3.5 Leitungsgleichungen 92
3.5.1 Berechnungsgrundlagen 92
3.5.2 Programmstruktur „Leitungsgleichungen" 93
3.5.3 Programmbeschreibung 94
3.5.4 Test- und Anwendungsbeispiele 96

4 Impulstechnik 99

4.1 Zeitverhalten von Übertragungsgliedern 99
4.1.1 Integrierstufe 99
4.1.2 Programmbeschreibung „Integrierstufe" 99
4.1.3 Test- und Anwendungsbeispiel 101
4.2 Induktiver Lastkreis mit Freilaufdiode 101
4.2.1 Programmbeschreibung „Induktiver Lastkreis mit Freilaufdiode" 102
4.2.2 Test- und Anwendungsbeispiel 104

Literaturverzeichnis 105

Sachwortverzeichnis 107

Inhaltsübersicht zu Band 1 109

1 Einführung

1.1 Allgemeines

Der Band 1 dieser Reihe enthält ein Angebot von Programmen zur Lösung allgemein-mathematischer Aufgabenstellungen mit den programmierbaren Rechnern HP 67/97/41C (UPN-Technik). In diesem Band wird das Angebot auf den Fachbereich Elektrotechnik für die Fachgebiete Allgemeine Elektrotechnik, Nachrichtentechnik und Impulstechnik erweitert. Zu den aufgegriffenen Problemstellungen werden alle zur Beschreibung einer programmierten Lösung erforderlichen Beziehungen angegeben. Mit Hilfe der zu jedem Thema angegebenen Fachliteratur kann der Leser auch ein vertieftes Verständnis der Lösungsalgorithmen erlangen. Die Arbeitsweise der Programme sollte zunächst mit Hilfe der angegebenen Test- oder Anwendungsbeispiele erprobt werden. In Verbindung mit der Programmbeschreibung und der Anweisungsliste sind individuelle Programmänderungen oder Programmergänzungen leicht möglich. Die zu einigen Themen aus den Lösungswerten erstellten Diagramme sollen aufzeigen, wie durch vielfältige Variantenrechnungen ein umfassendes Verständnis der physikalischen Gegebenheiten erzielt werden kann.

Da bei der Programmierung stets von dem exakten Lösungsansatz ausgegangen werden kann, besteht bezüglich der Größenordnung der Eingabeparameter keine Anwendungsbeschränkung. Dies wird besonders im Bereich der Leitungsgleichungen deutlich, die sowohl im Niederfrequenzbereich wie auch im Hochfrequenzbereich unverändert anwendbar sind. Die Herleitung bereichsweise zugeschnittener Näherungsgleichungen ist damit nicht mehr erforderlich. Um das Anwendungsspektrum der einzelnen Programme möglichst weit zu fassen, werden die Ansätze allgemein formuliert. Dies hat natürlich zur Folge, daß im konkreten Anwendungsfall einzelne Parameter theoretisch gleich 0 oder ∞ gesetzt werden müßten. Durch null-setzen einzelner Parameter können aus dem allgemeinen Ansatz heraus rechentechnisch Divisionen durch null entstehen, die zu einem Fehlerabbruch des Programms führen. Dieser Mangel kann durch die Wahl extrem kleiner Eingabeparameter (z.B. 10^{-10} statt 0) beseitigt werden. An Stelle des Wertes ∞ kann z.B. 10^{10} gesetzt werden. Hierbei ist zu beachten, daß bei Register-Arithmetik-Operationen das Ergebnis kleiner als $9{,}99 \cdot 10^{99}$ sein muß, da sonst die Programmbearbeitung mit ERROR-Anzeige unterbrochen wird.

Außerdem ist bei der Rechnung mit um Größenordnungen > 10 verschiedenen Werten zu beachten, daß durch Addition oder Subtraktion mit anschließenden Multiplikationen unbrauchbare Rechenergebnisse entstehen können. In solchen Fällen ist ggf. eine Grenzwertbetrachtung zu empfehlen. Die Gutartigkeit des programmierten Lösungsalgorithmus kann durch schrittweises Herantasten an den jeweiligen Extremwert untersucht werden. Dabei muß der Graph der Lösungswerte einen asymtotischen Verlauf zu dem wahren Lösungswert zeigen.

Nach einem Fehlerabbruch ist es zweckmäßig zu prüfen, ob vor einem neuen Start des Programms der richtige Speicherbereich (Primär- oder Sekundärspeicher) gemäß den Eingabebedingungen aktiv ist. Diese Prüfung kann unterbleiben, wenn im Programm eine automatische Ausrichtung der Speicherbereiche programmtechnisch eingebaut ist, oder durch konsequent angewandte indirekte Adressierung der Speicher auf die Anwendung der Speicherbereichswechselanweisung verzichtet wurde. Bei der Dokumentation der Programme ist es zweckmäßig, in den Anweisungslisten die Bereiche, in denen der in Bezug zum Programmstart sekundäre Speicherbereich aktiv ist, mit einer senkrechten Strichmarkierung zu kennzeichnen.

1.2 Modularer Programmaufbau

Bei der Programmierung umfangreicher Aufgabenstellungen ist es zweckmäßig, das Programm in Form einzelner, eigenständig ausgetesteter Module aufzubauen. Die Fehlersuche kann dann auf die Richtigkeit der Übergabeparameter an den Einbindungsstellen der Programmodule beschränkt werden.
Insbesondere erweist sich hierbei die Verwendung ausgetesteter Unterprogramme als sehr vorteilhaft.

Da die Rechner nur mit absoluten Adressen arbeiten, ist der Einbau übernommener Programmodule immer dann unproblematisch, wenn in diesen Modulen alle Operationen ausschließlich im Stack-Register ablaufen und keine Sprungadressen, Flag-Abfragen oder Speicheraufrufe enthalten sind. Anderenfalls muß auf das Vorhandensein doppelter Adressen besonders geachtet werden.

1.3 Standard-Unterprogramme

Standard-Unterprogramme sind Programmodule mit einer definierten Startadresse und einer RTN-Endanweisung. Sie dienen zur Realisierung allgemeiner Funktionen der Übergabeparameter. Hierzu gehören z.B. komplexe Grundoperationen und Hyperbelfunktionen mit reellem und komplexem Argument oder auch Hilfsprogramme zur Erzeugung besonderer Markierungen. Für den Benutzer sind vollständige Angaben über die Form der Übergabeparameter und der Ergebnisparameter sowie der intern benötigten Adressen, Speicher, Flags zu machen. Bei den Adressenangaben ist außerdem von Bedeutung, ob diese innerhalb des Unterprogramms in Vorwärtsrichtung oder in Rückwärtsrichtung zu erreichen sind. Die letzteren dürfen weder im Hauptprogramm noch in weiteren Unterprogrammen auf keinen Fall mehrfach verwendet werden.

1.3.1 Komplexe Grundoperationen

Die Operanden zur Ausführung der komplexen Grundoperation (Addition, Subtraktion, Multiplikation, Division, Inversion) können in Polarkoordination oder in kartesischen Koordinaten vorgegeben werden. Bei der Subtraktion und der Division ist es wichtig, daß der Minuend bzw. der Divisor mit Betrag und Phase oder Real- und Imaginärteil jeweils im X- und Y-Register übergeben werden. Die komplexe Ergebnisgröße wird mit Imaginärteil bzw. Winkel im Y-Register und mit Realteil bzw. Betrag im X-Register an das rufende Programm übergeben. Wegen der besonderen Bedeutung dieser Unterprogramme für die Elektrotechnik wird die schon in Band 1 dieser Reihe enthaltene Anweisungsliste zur Realisierung der komplexen Grundoperationen für die Varianten mit ausschließlich Stack-Register-Operationen in Tabelle 1.3.1 nochmals angegeben.

Die einzelnen Grundoperationen sind über folgende Adressen aufzurufen:

Operation	in Polarkoordinaten	in kartesischen Koordinaten
$\underline{A} + \underline{B}$	[A]	[a]
$\underline{A} - \underline{B}$	[B]	[b]
$\underline{A} \cdot \underline{B}$	[C]	[c]
$\underline{A} \div \underline{B}$	[D]	[d]
$\frac{1}{\underline{A}}$	[E]	[e]

Tabelle 1.3.1 Anweisungsliste komplexe Grundoperationen

Polarkoordinaten

A+B	001	*LBLA
	002	→R
	003	R↓
	004	R↓
	005	→R
	006	X⇄Y
	007	R↓
	008	+
	009	R↓
	010	+
	011	R↑
	012	→P
	013	RTN
A−B	014	*LBLB
	015	→R
	016	R↓
	017	R↓
	018	→R
	019	X⇄Y
	020	R↓
	021	X⇄Y
	022	−
	023	R↓
	024	−
	025	R↑
	026	→P
	027	RTN
A·B	028	*LBLC
	029	X⇄Y
	030	R↓
	031	×
	032	R↓
	033	+
	034	R↑
	035	RTN
A÷B	036	*LBLD
	037	X⇄Y
	038	R↓
	039	÷
	040	R↓
	041	X⇄Y
	042	−
	043	R↑
	044	RTN
1/A	045	*LBLE
	046	1/X
	047	R↓
	048	CHS
	049	R↑
	050	RTN

Kartesische Koordinaten

A+B	051	*LBLa
	052	X⇄Y
	053	R↓
	054	+
	055	R↓
	056	+
	057	R↑
	058	RTN
A−B	059	*LBLb
	060	X⇄Y
	061	R↓
	062	−
	063	R↓
	064	X⇄Y
	065	−
	066	R↑
	067	RTN
A·B	068	*LBLc
	069	→P
	070	R↓
	071	R↓
	072	→P
	073	X⇄Y
	074	R↓
	075	×
	076	R↓
	077	+
	078	R↑
	079	→R
	080	RTN
A÷B	081	*LBLd
	082	→P
	083	R↓
	084	R↓
	085	→P
	086	X⇄Y
	087	R↓
	088	X⇄Y
	089	÷
	090	R↓
	091	−
	092	R↑
	093	→R
	094	RTN
1/A	095	*LBLe
	096	→P
	097	GSBE
	098	→R
	099	RTN

1.3.2 Hyperbelfunktionen

a) Hyperbelfunktionen mit reellem Argument

Die Hyperbel- oder hyperbolischen Funktionen sind folgendermaßen definiert [1, 2]:

$$\sinh x = \frac{1}{2}(e^x - e^{-x}) \qquad (1.3.1)$$

$$\cosh x = \frac{1}{2}(e^x + e^{-x}) \qquad (1.3.2)$$

$$\tanh x = \frac{\sinh x}{\cosh x} \qquad (1.3.3)$$

$$\coth x = \frac{\cosh x}{\sinh x} \qquad (1.3.4)$$

Für die Umkehrfunktionen (Areafunktionen) gilt:

$$\operatorname{arsinh} x = \ln(x + \sqrt{x^2 + 1}) \qquad (1.3.5)$$

$$\operatorname{arcosh} x = \ln(x \pm \sqrt{x^2 - 1}) \quad \text{für} \quad x \geqq 1 \qquad (1.3.6)$$

$$\operatorname{artanh} x = \frac{1}{2}\ln\frac{1+x}{1-x} \quad \text{für} \quad -1 \leqq x \leqq 1 \qquad (1.3.7)$$

$$\operatorname{arcoth} x = \frac{1}{2}\ln\frac{x+1}{x-1} \quad \text{für} \quad -1 \geqq x \text{ und } x \geqq 1 \qquad (1.3.8)$$

Der Übergabeparameter x und der Ergebnisparameter der Funktion werden jeweils im X-Register übergeben.

b) Hyperbelfunktionen mit komplexem Argument

$$\sinh \underline{Z} = \sinh(x + jy) = \frac{1}{2}[(e^x - e^{-x})\cos y + j(e^x + e^{-x})\sin y] \qquad (1.3.9)$$

$$\cosh \underline{Z} = \cosh(x + jy) = \frac{1}{2}[(e^x + e^{-x})\cos y + j(e^x - e^{-x})\sin y] \qquad (1.3.10)$$

Der komplexe Übergabeparameter $\underline{Z}$ und der komplexe Ergebnisparameter der Funktion werden in kartesische Koordinatenform mit dem Imaginärteil im Y-Register und dem Realteil im X-Register übergeben (der Übergabeparameter y muß beim Grad Mode (DEG) in Winkelgrade übergeben werden).

In der Tabelle 1.3.2 ist ein Programm zur Berechnung der Hyperbelfunktionen über folgende Adressen angegeben:

Funktion	Adresse
sinh x	A
cosh x	B
tanh x	C
coth x	D
arsinh x	a
arcosh x	b
artanh x	c
arcoth x	d
sinh $\underline{Z}$	E
cosh $\underline{Z}$	e

Tabelle 1.3.2 Anweisungsliste „Hyperbelfunktionen"

Funktion	Schritt	Anweisung
sinh x	001	*LBLA
	002	ENT↑
	003	e^x
	004	X⇄Y
	005	CHS
	006	e^x
	007	-
	008	2
	009	÷
	010	RTN
cosh x	011	*LBLB
	012	ENT↑
	013	e^x
	014	X⇄Y
	015	CHS
	016	e^x
	017	+
	018	2
	019	÷
	020	RTN
tanh x	021	*LBLC
	022	ENT↑
	023	GSBA
	024	X⇄Y
	025	GSBB
	026	÷
	027	RTN
coth x	028	*LBLD
	029	GSBC
	030	1/X
	031	RTN
arsinh x	032	*LBLa
	033	ENT↑
	034	X^2
	035	1
	036	+
	037	√X
	038	+
	039	LN
	040	RTN
arcosh x	041	*LBLb
	042	ENT↑
	043	ENT↑
	044	X^2
	045	1
	046	-
	047	√X
	048	-
	049	LSTX
	050	X⇄Y
	051	R↓
	052	+
	053	LN
	054	R↑
	055	LN
	056	RTN
artanh x	057	*LBLc
	058	ENT↑
	059	ENT↑
	060	1
	061	+
	062	X⇄Y
	063	CHS
	064	1
	065	+
	066	÷
	067	LN
	068	2
	069	÷
	070	RTN
arcoth x	071	*LBLd
	072	ENT↑
	073	ENT↑
	074	1
	075	+
	076	X⇄Y
	077	1
	078	-
	079	÷
	080	LN
	081	2
	082	÷
	083	RTN
sinh(x+jy)	084	*LBLE
	085	ENT↑
	086	CHS
	087	e^x
	088	ENT↑
	089	R↓
	090	CHS
	091	X⇄Y
	092	e^x
	093	+
	094	LSTX
	095	R↑
	096	+
	097	R↑
	098	SIN
	099	×
	100	2
	101	÷
	102	R↓
	103	X⇄Y
	104	COS
	105	×
	106	2
	107	÷
	108	R↑
	109	X⇄Y
	110	RTN
cosh(x+jy)	111	*LBLe
	112	ENT↑
	113	CHS
	114	e^x
	115	ENT↑
	116	R↓
	117	X⇄Y
	118	e^x
	119	+
	120	LSTX
	121	R↑
	122	CHS
	123	+
	124	R↑
	125	SIN
	126	×
	127	2
	128	÷
	129	R↓
	130	X⇄Y
	131	COS
	132	×
	133	2
	134	÷
	135	R↑
	136	X⇄Y
	137	RTN

1.3.3 Periodische Schaltfunktionen

Bei der Untersuchung periodischer nicht-sinusförmiger Vorgänge, treten häufig als Eingangsfunktionen periodische Schaltfunktionen in Rechteck-, Dreieck- oder Sägezahnform auf. Derartige Funktionen lassen sich vorteilhaft aus den Kreisfunktionen und deren Umkehrfunktionen gewinnen.
Die Periode von 2π im Bogenmaß, entsprechend 360° im Gradmaß, ist rechnerintern vorgegeben.
Für den Winkel-Modus dezimale Grad (Normalzustand nach dem Einschalten des Rechners) sind nachfolgend einige Schaltfunktionen angegeben:

1. Rechteckfunktion

Die Rechteckfunktion, Bild 1.3.1, ergibt sich durch Multiplikation einer Konstanten mit der Vorzeichenfunktion sign der Sinusfunktion

$$y = \operatorname{sign}(\sin x) \qquad (1.3.11)$$

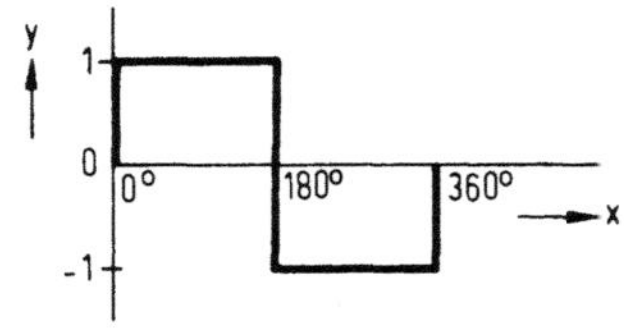

Bild 1.3.1 Rechteckfunktion

Die Rechteckfunktion wird durch den Programmbaustein mit der Startadresse Label 0 realisiert:

LBL 0	$x \neq 0$
SIN	÷
ABS	RTN
LAST x	

2. Dreieckfunktion

Die Dreieckfunktion, Bild 1.3.2, ergibt sich durch Anwendung der inversen Sinusfunktion auf die Sinusfunktion selbst:

$$y = \frac{\sin^{-1}(\sin x)}{90} \qquad (1.3.12)$$

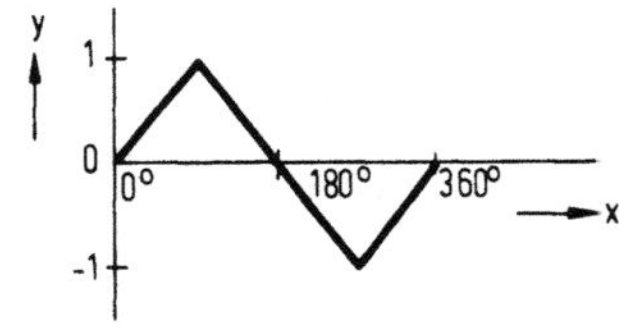

Bild 1.3.2 Dreieckfunktion

Die Dreieckfunktion wird durch den Programmbaustein mit der Startadresse Label 1 realisiert:

LBL 1	90
SIN	÷
SIN^{-1}	RTN

3. Sägezahnfunktion

Die Sägezahnfunktion, Bild 1.3.3, ergibt sich durch Multiplikation der inversen Cosinusfunktion angewandt auf die Cosinusfunktion selbst mit der Vorzeichenfunktion angewandt auf die Sinusfunktion:

$$y = \frac{\cos^{-1}(\cos x)}{180} \operatorname{sign}(\sin x) \qquad (1.3.13)$$

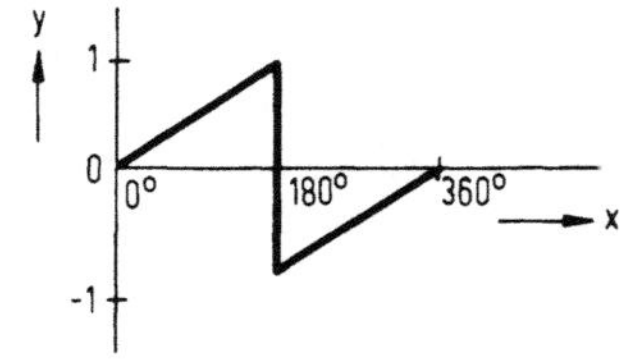

Bild 1.3.3 Sägezahnfunktion

Die Sägezahnfunktion wird durch den Programmbaustein mit der Startadresse Label 2 realisiert:

LBL 2	x ⇄ y
ENTER	COS
SIN	COS^{-1}
ABS	x
LAST x	180
x ≠ 0	÷
÷	RTN

4. Trapezfunktion und lückende Dreieckfunktion

Die Trapezfunktion und die lückende Dreieckfunktion, Bild 1.3.4, lassen sich durch Kombination der Hauptwerte der Cosinusfunktion mit dem Betrag der Hauptwerte der Sinusfunktion realisieren:

$$y = \frac{\cos^{-1}(\cos x) \pm |\sin^{-1}(\sin x)|}{180} \qquad (1.3.14)$$

+ Zeichen: Trapezfunktion
− Zeichen: lückende Dreieckfunktion

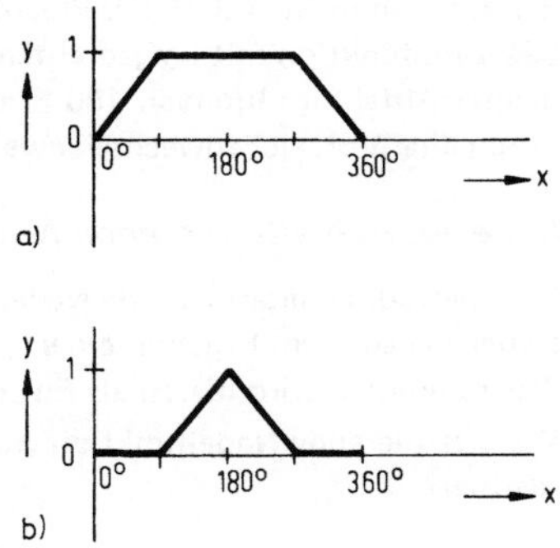

Bild 1.3.4
a) Trapezfunktion
b) lückende Dreieckfunktion

Die Trapezfunktion und die lückende Dreieckfunktion werden durch die Programmbausteine mit den Startadressen Label 3 und Label 4 realisiert:

a) Trapezfunktion

LBL 3	SIN^{-1}
ENTER	ABS
COS	+
COS^{-1}	180
x ⇄ y	÷
SIN	RTN

b) lückende Dreieckfunktion

LBL 4	SIN^{-1}
ENTER	ABS
COS	−
COS^{-1}	180
x ⇄ y	÷
SIN	RTN

5. Lückende Sägezahnfunktion

Eine lückende Sägezahnfunktion, Bild 1.3.5, mit 180° Pulsbreite und 180° Pulspause läßt sich durch Kombination der Sägezahnfunktion mit einer Dreieckfunktion realisieren:

$$y = \frac{\cos^{-1}(\cos x) + [1 + \text{sign}(\sin x)]}{360} \qquad (1.3.15)$$

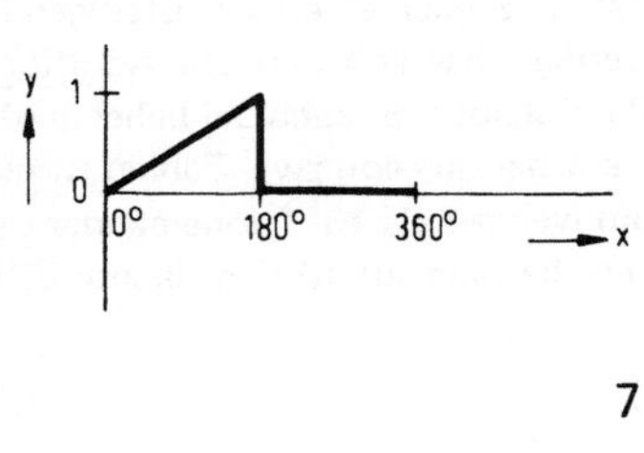

Bild 1.3.5 Lückende Sägezahnfunktion

Die lückende Sägezahnfunktion wird durch den Programmbaustein mit der Startadresse Label 5 realisiert:

LBL 5	x ≠ 0?
ENTER	÷
COS	1
COS^{-1}	+
ENTER	R↑
ENTER	x
R↑	360
SIN	÷
ABS	RTN
LAST x	

Ersetzt man in Gl. 1.3.15 das Plus-Zeichen durch ein Minus-Zeichen, so entsteht eine lückende Sägezahnfunktion mit umgedrehtem Verlauf und negativen Werten (senkrechter Anstieg und geneigter Abfall) im Intervall $180 \leqq x \leqq 360°$. Die negativen Amplitudenwerte können im Programm durch eine Vorzeichenwechselanweisung vor dem Rücksprung umgekehrt werden.

6. Periodisch alternierende Nadelfunktion

Eine periodisch alternierende Nadelfunktion, Bild 1.3.6, läßt sich durch zusätzliche Vorzeichensteuerung aus dem Ergebnis einer „Größer null"-Abfrage der Cosinusfunktion erzeugen. In dem Programmodul wird hierzu als Entscheidungsmerkmal das Flag 2 benutzt.

Die alternierende Nadelfunktion wird durch den Programmbaustein mit der Startadresse Label 6 realisiert:

LBL 6	x ≠ y
COS	0
x < 0	F 2?
SF 2	CHS
ABS	RTN
1	

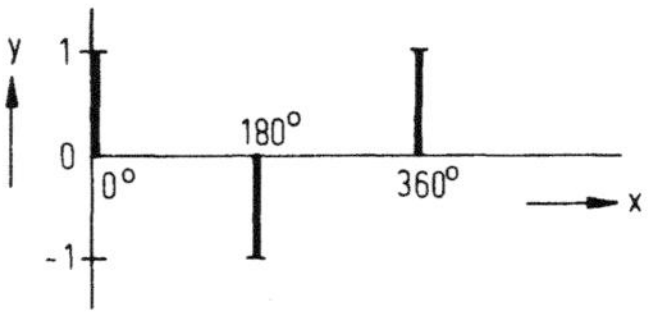

Bild 1.3.6 Alternierende Nadelfunktion

Falls der x-Maßstab für die dargestellten Funktionen das Periodenintervall 1 haben soll, ist nach dem jeweiligen Start-Label eine Multiplikation mit 180 bzw. 360 einzufügen. Für beliebige Periodenintervalle l ist das Argument x vor Aufruf des entsprechenden Programmoduls mit $\frac{180}{l}$ bzw. $\frac{360}{l}$ zu multiplizieren $[kl \leqq x \leqq (k+1)\, l]$.

In der Tabelle 1.3.3 sind die Programmodule der einzelnen Schaltfunktionen zusammengefaßt.

1.4 Zahlenbereichsüberschreitung

Unabhängig von dem gewählten Anzeigeformat werden rechenintern 10 signifikante Ziffern einer Zahl zuzüglich einem zweistelligen Exponenten verarbeitet. Die darüber hinausgehenden Ziffern werden abgeschnitten. Die Addition oder Subtraktion einer Zahl kleiner 0,5 zu einer zehnziffrigen Zahl bleibt z.B. auch bei beliebig häufiger Wiederholung wirkungslos. Eine ziffernmäßig wirksame Verarbeitung von zwei Zahlen ist nur dann für alle Operationen möglich, wenn sich beide Zahlen um weniger als 10^{10} voneinander unterscheiden. Durch diese Beschränkung der internen Ziffernverarbeitung auf 10 signifikante Ziffern bleibt der extern zulässige Zahlenbereich von $\pm\, 9{,}99 \cdot \ldots \cdot 10^{99}$

Tabelle 1.3.3 Anweisungsliste „Schaltfunktionen"

Funktion	Schritt	Anweisung
Rechteck-F.	001	*LBL0
	002	SIN
	003	ABS
	004	LSTX
	005	X≠0?
	006	÷
	007	RTN
Dreieck-F.	008	*LBL1
	009	SIN
	010	SIN^{-1}
	011	9
	012	0
	013	÷
	014	RTN
Sägezahn-F.	015	*LBL2
	016	ENT↑
	017	SIN
	018	ABS
	019	LSTX
	020	X≠0?
	021	÷
	022	X⇄Y
	023	COS
	024	COS^{-1}
	025	×
	026	1
	027	8
	028	0
	029	÷
	030	RTN
Trapez-F.	031	*LBL3
	032	ENT↑
	033	COS
	034	COS^{-1}
	035	X⇄Y
	036	SIN
	037	SIN^{-1}
	038	ABS
	039	+
	040	1
	041	8
	042	0
	043	÷
	044	RTN
lück. Dreieck	045	*LBL4
	046	ENT↑
	047	COS
	048	COS^{-1}
	049	X⇄Y
	050	SIN
	051	SIN^{-1}
	052	ABS
	053	−
	054	1
	055	8
	056	0
	057	÷
	058	RTN
lück. Sägezahn	059	*LBL5
	060	ENT↑
	061	COS
	062	COS^{-1}
	063	ENT↑
	064	ENT↑
	065	R↑
	066	SIN
	067	ABS
	068	LSTX
	069	X≠0?
	070	÷
	071	1
	072	+
	073	R↑
	074	×
	075	3
	076	6
	077	0
	078	÷
	079	RTN
Nadel-F.	080	*LBL6
	081	COS
	082	X<0?
	083	SF2
	084	ABS
	085	1
	086	X≠Y?
	087	0
	088	F2?
	089	CHS
	090	RTN

unberührt. Dieser Sachverhalt kann für Rechenoperationen mit Additionen oder Subtraktionen, bei denen Operanden vorkommen, die sich um mehr als 10^{10} voneinander unterscheiden, zu vollkommen falschen Ergebnissen führen. An zwei Beispielen soll das „Umkippen" der Rechnung durch Operationen an der Zahlenbereichsgrenze aufgezeigt werden:

a) Die Gleichung

$$y = \frac{x^n}{2}\left[\left(1 + \frac{1}{x^n}\right) - \left(1 - \frac{1}{x^n}\right)\right] \tag{1.4.1}$$

hat für alle x die Lösung y = 1.

Dagegen liefert die schrittweise Lösung gemäß dem Programm mit der Startadresse Label A nach Tabelle 1.4.3 in Abhängigkeit von x (STO A) und n (STO B) die in Tabelle 1.4.1 angegebenen Lösungswerte. Nur die Werte oberhalb der treppenförmigen Begrenzungslinie sind richtige Lösungen der Gleichung. Es ist zu ersehen, daß z.B. die Kombination der Werte $x = 100$ und $n = 5$ zu einem falschen Ergebnis führt, ohne das diese Fehlrechnung durch eine Fehlermeldung unterbrochen wird.

Tabelle 1.4.1 Lösungsmatrix zu Gl. (1.4.1)

n \ x	10^1	10^2	10^3	10^4	10^5	10^6	10^7	10^8	10^9	10^{10}	10^{11}
1	1	1	1	1	1	1	1	1	1	0,5	0
2	1	1	1	1	0,5	0	0	0	0	0	0
3	1	1	1	0	0	0	0	0	0	0	0
4	1	1	0	0	0	0	0	0	0	0	0
5	1	0,5	0	0	0	0	0	0	0	0	0

b) Die Gleichung:

$$y = x^n \left(1 - \sqrt{1 - \frac{2}{x^n}}\right) \tag{1.4.2}$$

hat für große x die Näherungslösung:

$$y \approx x^n \left[1 - \left(1 - \frac{1}{x^n}\right)\right] \tag{1.4.3}$$

mit dem Grenzwert $y = 1$ für $x^n \to \infty$.
Die schrittweite Lösung der Gl. (1.4.2) gemäß dem Programm mit der Startadresse Label B und Tabelle 1.4.3 liefert die in Tabelle 1.4.2 angegebenen Lösungswerte.

Tabelle 1.4.2 Lösungsmatrix zu Gl. (1.4.2)

n \ x	10^1	10^2	10^3	10^4	10^5	10^6	10^7	10^8	10^9	10^{10}	10^{11}
1	1,06	1,01	1	1	1	1	1	1	1	1	0
2	1,01	1	1	1	1	0	0	0	0	0	0
3	1	1	1	0	0	0	0	0	0	0	0
4	1	1	0	0	0	0	0	0	0	0	0
5	1	1	0	0	0	0	0	0	0	0	0

Die Lösung zeigt asymtotische Annäherung an den Grenzwert $y = 1$ für $x^n \to \infty$ bis zu den Operandenkombinationen an der Zahlenbereichsgrenze von 10^{10}. Hier kippt die Rechnung um, d.h. bei der Berechnung des Radikanten $1 - \frac{2}{x^n}$ fällt der Subtrahend aus dem Rechenregister nach rechts heraus und wird ignoriert. Die hierdurch entstehende geringfügige Ungenauigkeit liefert als Ergebnis der Wurzel den Wert 1 und somit das falsche Ergebnis $y = 0$.
Anhand dieser beiden Beispiele sollte deutlich werden, daß bei Nichtbeachtung der Zahlenentwicklung innerhalb der Rechnung beliebig falsche Ergebnisse entstehen können. Da bei den üblichen technischen Berechnungen der ziffernmäßig verfügbare Zahlenbereich von 10^{10} nicht verlassen wird, treten rechentechnische Probleme dieser Art nur in speziellen Fällen auf, die dann jedoch einer sorgfältigen Grenzwertbetrachtung bedürfen.

Tabelle 1.4.3 Anweisungsliste „Zahlenbereichsüberschreitung"

```
Start  001  *LBLA  <-+
       002    1      |
       003   RCLA    |
       004   PRTX => | x
       005   RCLB    |
       006    Yx     |
       007   STO0    |
       008   1/X     |
       009    +      |
       010   LSTX    |
       011   CHS     |
       012    1      |
       013    +      |
       014    -      |
       015   RCL0    |
       016    2      |
       017    ÷      |
       018    x      |
       019   PRTX => | y
       020   SPC     |
       021   RCLA    |
       022    1      |
       023    0      |
       024    x      |
       025   STOA    |
       026   GTOA ---+
```

```
Start  027  *LBLB  <-+
       028    2      |
       029   RCLA    |
       030   RCLB    |
       031    Yx     |
       032    ÷      |
       033   CHS     |
       034    1      |
       035    +      |
       036    √X     |
       037   CHS     |
       038    1      |
       039    +      |
       040   RCLA    |
       041   PRTX => | x
       042   RCLB    |
       043    Yx     |
       044    x      |
       045   PRTX => | y
       046   SPC     |
       047   RCLA    |
       048    1      |
       049    0      |
       050    x      |
       051   STOA    |
       052   GTOB ---+
```

2 Allgemeine Elektrotechnik

2.1 Netzwerkberechnung

Die Berechnung linearer elektrischer Netzwerke mit den Methoden der Maschen- oder Knotenanalyse führt durch Anwendung der Kirchhoffschen Regeln zu linearen Gleichungssystemen, zu deren Lösung bis zur vierten Ordnung in Band 1 ein Programm angegeben wurde. Bei der Maschenanalyse werden die Ströme in den Verbindungszweigen als unabhängige Veränderliche aufgefaßt. Jede Masche enthält einen Verbindungszweig mit dem unbekannten Strom und sonst nur Baumzweige, die von mindestens zwei Maschenströmen durchflossen werden. Die Ströme in den Baumzweigen lassen sich mit Hilfe der Knotenregel sofort angeben, wenn die unabhängigen Ströme in den Verbindungszweigen berechnet sind.
Ein Netzwerk mit k Knoten und z Zweigen enthält $b = k - 1$ Baumzweige und $n = z - b$ Verbindungszweige. Das Gleichungssystem für die Maschenanalyse umfaßt $n = z - b = z - k + 1$ Gleichungen für die n unbekannten Maschenströme [3, 4].
Bei Anwendung der Knotenanalyse wird das gegebene Netzwerk durch $b = k - 1$ Gleichungen für die Spannungen an den Baumzweigen beschrieben. Zur praktischen Anwendung der Knotenanalyse werden nicht die Zweigspannungen als unabhängige Veränderliche eingeführt, sondern die Potentiale an $b = k - 1$ Knotenpunkte gegenüber dem mit Null-Potential gewählten Bezugsknoten.
Der Rechenaufwand für die Anwendung einer der beiden Methoden ist abhängig vom Aufbau des gegebenen Netzwerkes. Bei der Maschenanalyse ist die Anzahl der Gleichungen identisch mit der Anzahl der Verbindungszweige. Die Anzahl der Verbindungszweige hängt bei gegebener Knotenzahl davon ab, wie stark das Netzwerk „besetzt" ist. Aus der Netzwerktheorie ist bekannt, daß ein Netzwerk mit k Knoten maximal $\frac{1}{2}$ k (k − 1) Zweige enthält. Davon sind maximal:

$$n_{max} = (k - 1)\left(\frac{k}{2} - 1\right) \tag{2.1.1}$$

Verbindungszweige.
Die Zahl der Gleichungen bei der Maschenanalyse wächst also mit der Knotenzahl quadratisch an. Bei den praktisch vorkommenden Netzwerken wird dieser Maximalwert jedoch meist bei weitem nicht erreicht. Für die Mindestzahl der Verbindungszweige eines Netzwerkes als untere Grenze für den Umfang des Gleichungssystems gilt:

$$n_{min} = \begin{cases} \dfrac{k}{2} + 1 & \text{für k gerade} \\[2ex] \dfrac{k+1}{2} + 1 & \text{für k ungerade} \end{cases} \tag{2.1.2}$$

Bei der Mindestzahl ist unterstellt, daß bei gerader Knotenzahl an jedem Knoten drei Zweige und bei ungerader Knotenzahl an einem Knoten vier Zweige und an den übrigen Knoten drei Zweige angeschlossen sind.
Die Zahl der für die Maschenanalyse benötigten Gleichungen wächst bei einem minimal besetzten Netzwerk linear mit der Knotenzahl an. Bei der Knotenanalyse wächst die Zahl der Gleichungen wegen $b = k - 1$ linear mit der Knotenzahl an und ist unabhängig von der Besetztheit des Systems

durch Zweige. Aus diesem Sachverhalt ergeben sich insbesondere für Netzwerke der Energieversorgung Vorteile für die Knotenanalyse [5, 6].

2.1.1 Netzwerke mit reellen Widerständen

Zur Berechnung einfacher Netzwerke mit reellen Widerständen läßt sich der Lösungsalgorithmus für Netzwerke bis zu drei Maschen und vier Knoten in dem verfügbaren Programmspeicher mit 224 Anweisungen unterbringen. Hierzu soll von einem allgemeinen Netzwerk mit sechs Spannungsquellen und sechs Widerständen gemäß Bild 2.1.1 ausgegangen werden.

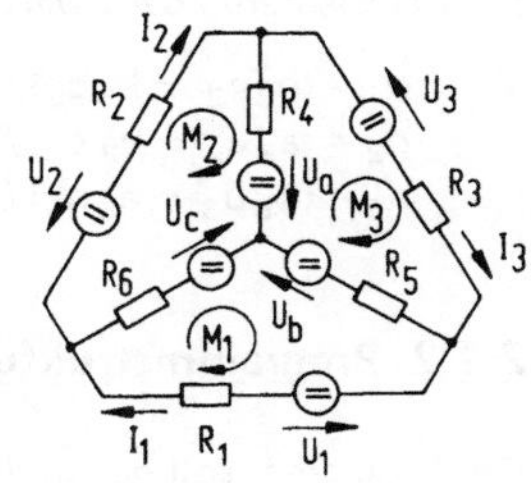

Bild 2.1.1
Allgemeines 3-Maschen-Netzwerk mit 4 Knoten und 6 Zweigen

Die Maschengleichungen für die drei Maschen M_1, M_2 und M_3 führen zu folgendem Gleichungssystem mit den unbekannten Zweigströmen I_1, I_2 und I_3:

$$\begin{aligned}
&(M1): && I_1(R_1+R_5+R_6) - I_2 R_6 && - I_3 R_5 && = U_1 + U_b - U_c \\
&(M2): && -I_1 R_6 && + I_2(R_2+R_4+R_6) - I_3 R_4 && = U_2 + U_c - U_a \\
&(M3): && -I_1 R_5 && - I_2 R_4 \quad + I_3(R_3+R_4+R_5) && = U_3 + U_a - U_b
\end{aligned} \qquad (2.1.3)$$

Das Gleichungssystem (Gl. 2.1.3) läßt sich in Matrixschreibweise wie folgt angaben:

$$\boldsymbol{R} \cdot \mathrm{I} = \mathrm{U}^* \qquad (2.1.4)$$

Mit der Lösungsgleichung für den Stromvektor:

$$\boldsymbol{I} = \boldsymbol{R}^{-1} \cdot \boldsymbol{U}^* \qquad (2.1.5)$$

Zur Lösung muß aus der quadratischen Widerstandsmatrix $\boldsymbol{R}$ die invertierte Matrix $\boldsymbol{R}^{-1}$ gebildet werden.
Für die Widerstandsmatrix $\boldsymbol{R}$ gilt:

$$\boldsymbol{R} = \begin{bmatrix} R_1+R_5+R_6 & -R_6 & -R_5 \\ -R_6 & R_2+R_4+R_6 & -R_4 \\ -R_5 & -R_4 & R_3+R_4+R_5 \end{bmatrix} = \begin{bmatrix} a_1 & b_1 & c_1 \\ a_2 & b_2 & c_2 \\ a_3 & b_3 & c_3 \end{bmatrix} \qquad (2.1.6)$$

Für den Spannungsvektor $\boldsymbol{U}^*$ gilt:

$$\boldsymbol{U}^* = \begin{bmatrix} U_1 + U_b - U_c \\ U_2 + U_c - U_a \\ U_3 + U_a - U_b \end{bmatrix} \qquad (2.1.7)$$

Für den Ergebnisvektor $\boldsymbol{I}$ gilt:

$$\boldsymbol{I} = \begin{bmatrix} I_1 \\ I_2 \\ I_3 \end{bmatrix} \qquad (2.1.8)$$

Die Berechnung der invertierten Matrix $\boldsymbol{R}^{-1}$ kann mit einem geschlossenen Formelsatz durchgeführt werden. Voraussetzung dazu ist, daß die Determimante $D = |\boldsymbol{R}|$ der Widerstandsmatrix existiert.

$$\boldsymbol{R}^{-1} = \begin{bmatrix} \alpha_1 & \beta_1 & \gamma_1 \\ \alpha_2 & \beta_2 & \gamma_2 \\ \alpha_3 & \beta_3 & \gamma_3 \end{bmatrix} \qquad (2.1.9)$$

Die Determinante der Matrix $|\boldsymbol{R}|$ ergibt sich zu:

$$D = a_1 b_2 c_3 + b_1 c_2 a_3 + c_1 b_3 a_2 - c_1 b_2 a_3 - c_2 b_3 a_1 - c_3 a_2 b_1 \qquad (2.1.10)$$

Für die Elemente der invertierten Matrix $\boldsymbol{R}^{-1}$ gilt:

$$\begin{array}{lll} \alpha_1 = (b_2 c_3 - b_3 c_2)/D & \beta_1 = (b_3 c_1 - b_1 c_3)/D & \gamma_1 = (b_1 c_2 - b_2 c_1)/D \\ \alpha_2 = (a_3 c_2 - a_2 c_3)/D & \beta_2 = (a_1 c_3 - a_3 c_1)/D & \gamma_2 = (a_2 c_1 - a_1 c_2)/D \\ \alpha_3 = (a_2 b_3 - a_3 b_2)/D & \beta_3 = (a_3 b_1 - a_1 b_3)/D & \gamma_3 = (a_1 b_2 - a_2 b_1)/D \end{array} \qquad (2.1.11)$$

2.1.2 Programmstruktur

Das Programm soll neben der eigentlichen Netzwerkberechnung auch die Möglichkeit des Aufrufes allgemeiner Matrizenoperationen, die ohnehin als Unterprogramme benötigt werden, bieten. Das über Label E aufzurufende Netzwerkprogramm enthält daher folgende eigenständige Unterprogramme:

Label A: Berechnung der Determinante D einer 3 X 3 Matrix $\boldsymbol{A}$ gemäß Gl. (2.1.10)

Label B: Berechnung der inversen Matrix $\boldsymbol{A}^{-1}$ zu einer gegebenen Matrix $\boldsymbol{A}$ gemäß Gl. (2.1.11)

Label C: Berechnung des Matrizenproduktes $\boldsymbol{C}$ einer quadratischen Matrix $\boldsymbol{A}$ mit einem Spaltenvektor $\boldsymbol{B}$ durch Zeilen-Spaltenmultiplikation $\boldsymbol{C} = \boldsymbol{A} \cdot \boldsymbol{B}$.

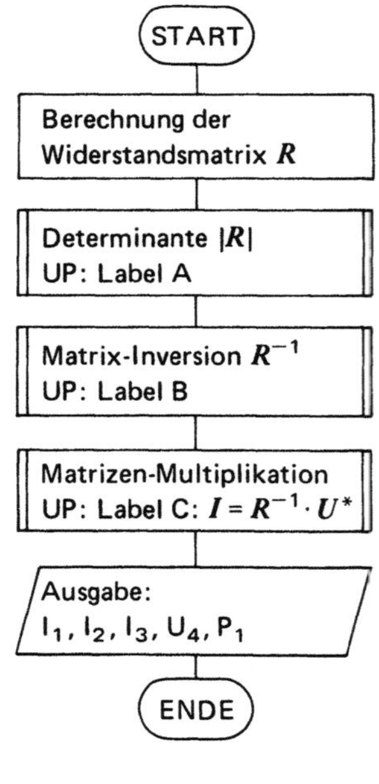

Bild 2.1.2 Flußdiagramm „Reelle Netzwerkberechnung"

Vor dem Aufruf dieser Unterprogramme müssen die Elemente der quadratischen Matrix $\boldsymbol{A}$ in den Speichern STO 1 bis STO 9 in der Reihenfolge $a_1, a_2, a_3, b_1, b_2, b_3, c_1, c_2, c_3$ (spaltenweise) und die Elemente des Spaltenvektors $\boldsymbol{B}$ in den Speichern STO A bis STO C für das erste, zweite und dritte Element vorliegen. Bei der Berechnung der inversen Matrix $\boldsymbol{A}^{-1}$ wird die gegebene Matrix durch die berechnete inverse Matrix überschrieben. Die Ergebnisse der Produktberechnung werden in die Speicher STO D, E und I abgelegt.
Das eigentliche Netzwerkprogramm wird über die Startadresse Label E aufgerufen. Zunächst werden die Elemente der Widerstandsmatrix $\boldsymbol{R}$ berechnet, um dann durch Aufruf der Unterprogramme Label A, Label B und Label C entsprechend dem Flußdiagramm in Bild 2.1.2 den Ergebnisvektor mit den Maschen-Strömen I_1, I_2, I_3, der Spannung U_4 und der Leistung P_1 zu erhalten.

2.1.3 Programmbeschreibung „Reelle Netzwerkberechnung"

Für das Programm „Reelle Netzwerkberechnung", siehe Tabelle 2.1.1, mit der Startadresse Label E in Zeile 001 sind neun Eingabeparameter vorgesehen. Die Eingabespannungen gemäß dem Spannungsvektor $\boldsymbol{U}^*$ in Gl. (2.1.7) sind den Speichern STO A, STO B und STO C zugeordnet. Sind Netzwerk nach Bild 2.1.1 alle sechs Spannungen vorhanden, so sind folgende Eingabedaten erforderlich:

$U_1 + U_b - U_c$	in STO A
$U_2 + U_c - U_a$	in STO B
$U_3 + U_a - U_b$	in STO C

Die Widerstände sind den Speichern STO 1 bis STO 6 wie folgt zugeordnet:

R_1 in STO 1	R_4 in STO 4
R_2 in STO 2	R_5 in STO 5
R_3 in STO 3	R_6 in STO 6

Nach Start des Programms über Label E wird zunächst in einer Dekrementschleife von Zeile 004 bis Zeile 010 eine Umspeicherung der Widerstands-Eingabedaten in die Sekundärregister STO 1' bis STO 6' vorgenommen. Durch diese Maßnahme brauchen die Eingaben bei wiederholtem Programmstart nicht erneuert zu werden. Ab Zeile 011 bis Zeile 039 ist der sekundäre Speicherbereich aktiv. Mit dem Programmaufruf GSB B in Zeile 037 wird die Berechnung der inversen Matrix gemäß Gl. (2.1.11) eingeleitet. Innerhalb des Unterprogramms Label B ab Zeile 079 wird in Zeile 080 ein weiteres Unterprogramm Label A zur Berechnung der Determinante gemäß Gl. (2.1.10) aufgerufen. Der Wert der Determinante wird in einer kurzen Pause in Zeile 081 zur Anzeige gebracht.

Mit dem Aufruf des Unterprogramms Label C in Zeile 038 wird der berechnete Stromvektor mit den Komponenten I_1, I_2, I_3 ausgegeben. Mit den folgenden Anweisungen der Zeilen 040 bis 049 werden die Spannungen $U_4 = I_4 R_4$ und die von der Spannungsquelle U_1 abgegebene Leistung $P_1 = U_1 \cdot I_1$ berechnet und ausgegeben. Die als eigenständige Hauptprogramme anwendbaren Unterprogramme Label A für die Determinantenberechnung, Label B für die inverse Matrixberechnung und Label C für die Produktberechnung enden jeweils mit einer RTN-Anweisung. Die Determinantenberechnung endet in Zeile 078 mit dem Ergebnis im X-Register. Die inverse Matrixberechnung endet in Zeile 165 mit gelöschtem Anzeigeregister und der Ergebnismatrix in den Sekundärregistern STO 1' bis STO 9' in der Reihenfolge $\alpha_1, \alpha_2, \alpha_3, \beta_1, \beta_2, \beta_3, \gamma_1, \gamma_2, \gamma_3$. Die Produktberechnung endet in Zeile 206 mit dem Ergebnisvektor im X-, Y- und Z-Register sowie zusätzlich im I-, E- und D-Register. Im D-Register ist das Produktergebnis erste Zeile mal Spaltenvektor, im E-Register zweite Zeile mal Spaltenvektor und im I-Register dritte Zeile mal Spaltenvektor abgelegt.

Tabelle 2.1.1 Anweisungsliste „Reelle Netzwerkberechnung"

```
Netzwerk  001  *LBLE
          002  6
          003  STOI
          004  *LBL2
          005  RCLi
          006  P⇄S
          007  STOi
          008  P⇄S
          009  DSZI
          010  GTO2
          011  P⇄S
          012  RCL3
          013  STO9
          014  RCL5
          015  ST+9
          016  ST+1
          017  RCL2
          018  STO5
          019  R↓
          020  CHS
          021  RCL6
          022  ST+1
          023  ST+5
          024  CHS
          025  RCL4
          026  ST+5
          027  ST+9
          028  CHS
          029  STO8
          030  STO6
          031  R↓
          032  STO4
          033  STO2
          034  R↓
          035  STO7
          036  STO3
          037  GSBB
          038  GSBC
          039  P⇄S
          040  CHS
          041  RCLE
          042  +
          043  RCL4
          044  ×
          045  PRTX  ⇒ U4
          046  RCLD
          047  RCLA
          048  ×
          049  PRTX  ⇒ P1
          050  R/S
Det A     051  *LBLA
          052  0
          053  STOI
          054  RCL6
          055  RCL8
          056  GSB7
          057  RCL4
          058  RCL9
          059  GSB7
          060  RCL5
          061  RCL7
          062  GSB7
          063  CHS
          064  RCL3
          065  RCL8
          066  GSB7
          067  RCL1
          068  RCL9
          069  GSB7
          070  RCL2
          071  RCL7
UP        072  *LBL7
          073  ISZI
          074  RCLi
          075  ×
          076  ×
          077  +
          078  RTN
A⁻¹       079  *LBLB
          080  GSBA
          081  PSE  ⇒ Det
          082  1/X
          083  RCLi
          084  RCL9
          085  ×
          086  RCL3
          087  RCL7
          088  GSB3
          089  STOD
          090  CLX
          091  RCL3
          092  RCL4
          093  ×
          094  RCL1
          095  RCL6
          096  GSB3
          097  STOE
          098  CLX
          099  RCL2
          100  RCL7
          101  ×
          102  RCL1
          103  RCL8
          104  GSB3
          105  STOI
          106  CLX
          107  RCL1
          108  RCL5
          109  ×
          110  RCL2
          111  RCL4
          112  GSB3
          113  STO0
          114  CLX
          115  RCL3
          116  RCL8
          117  ×
          118  RCL2
          119  RCL9
          120  GSB3
          121  STO1
          122  CLX
          123  RCL2
          124  RCL6
          125  ×
          126  RCL3
          127  RCL5
          128  GSB3
          129  STO3
          130  CLX
          131  RCL5
          132  RCL9
          133  ×
          134  RCL6
          135  RCL8
          136  GSB3
          137  STO2
          138  CLX
          139  RCL6
          140  RCL7
          141  ×
          142  RCL4
          143  RCL9
          144  GSB3
          145  STO6
          146  CLX
          147  RCL4
          148  RCL8
          149  ×
          150  RCL5
          151  RCL7
          152  GSB3
          153  RCLI
          154  RCL0
          155  GSBc
          156  RCL2
          157  RCL1
          158  RCL3
          159  GSBa
          160  RCL6
          161  RCLD
          162  RCLE
          163  GSBb
          164  CLX
          165  RTN
UP        166  *LBL3
          167  ×
          168  -
          169  ×
          170  RTN
UP        171  *LBLa
          172  0
          173  GTO5
          174  *LBLb
          175  3
          176  GTO5
          177  *LBLc
          178  6
          179  *LBL5
          180  STOI
          181  GSB6
          182  GSB6
UP        183  *LBL6
          184  R↑
          185  ISZI
          186  STOi
          187  RTN
A·B       188  *LBLC
          189  SPC
          190  1
          191  STOI
          192  GSB1
          193  STOD
          194  2
          195  STOI
          196  GSB1
          197  STOE
          198  3
          199  STOI
          200  GSB1
          201  STOI
          202  0
          203  RCLD
          204  RCLE
          205  RCLI
          206  RTN
UP        207  *LBL1
          208  0
          209  RCLA
          210  GSB4
          211  RCLB
          212  GSB4
          213  RCLC
          214  GSB4
          215  PRTX  ⇒ I I I
          216  RTN
UP        217  *LBL4
          218  RCLi
          219  ×
          220  +
          221  ISZI
          222  ISZI
          223  ISZI
          224  RTN
```

2.1.4 Test- und Anwendungsbeispiele

a) Zu der Schaltung (Bild 2.1.3) sind mit den angegebenen Daten die Ströme I_1, I_2, I_3, die Spannung U_4 und die von der Spannungsquelle U_1 abgegebene Leistung P_1 zu bestimmen:

$U_1 = 40$ V	$R_1 = 10\ \Omega$
$U_2 = 30$ V	$R_2 = 20\ \Omega$
$U_3 = 50$ V	$R_3 = 30\ \Omega$
	$R_4 = 40\ \Omega$
	$R_5 = 50\ \Omega$
	$R_6 = 60\ \Omega$

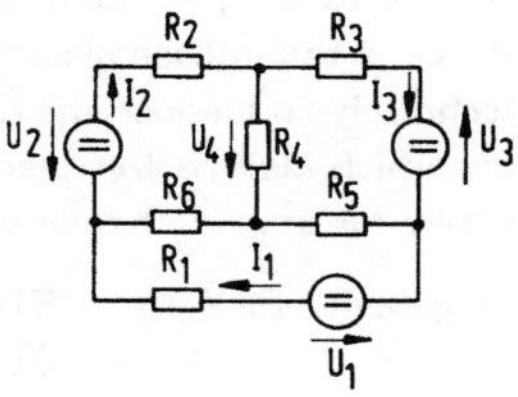

Bild 2.1.3 3-Maschen-Netzwerk

Eingaben:	40 STO A	10 STO 1
	30 STO B	20 STO 2
	50 STO C	30 STO 3
		40 STO 4
		50 STO 5
		60 STO 6

Start [E]

Ergebnisse:
1. Kurze Pause Determinante D = 564.000
2. Lange Pause bzw. Ausdruck $I_1 = 2{,}14$ A
3. Lange Pause bzw. Ausdruck $I_2 = 1{,}98$ A
4. Lange Pause bzw. Ausdruck $I_3 = 1{,}97$ A
5. Lange Pause bzw. Ausdruck $U_4 = 0{,}35$ V
6. Lange Pause bzw. Ausdruck $P_1 = 85{,}67$ W

Rechenzeit rd. 40 Sekunden

b) Die Parallelschaltung von zwei Spannungsquellen mit den Leerlaufspannungen U_{10}, U_{20} und den Innenwiderständen R_{i1}, R_{i2} speise auf einen Belastungswiderstand R_B. Gesucht sind die beiden Einspeiseströme und der Spannungsabfall am Belastungswiderstand.

$U_{10} = U_{20} = 12$ V
$R_{i1} = 1\ \Omega$
$R_{i2} = 2\ \Omega$
$R_B = 10\ \Omega$

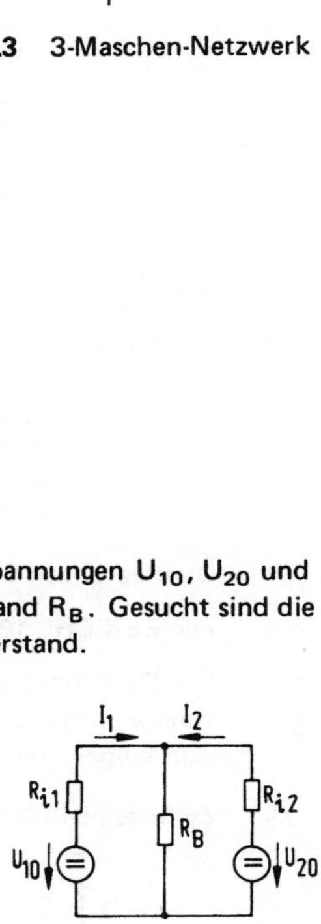

Bild 2.1.4 2-Maschen-Netzwerk

Das allgemeine Netzwerk gemäß Bild 2.1.1 läßt sich auf das zu untersuchende Netzwerk gemäß Bild 2.1.4 durch folgende Vereinbarungen reduzieren:

1. Die Sternspannungen sind nicht vorhanden, d.h. $U_a = U_b = U_c = 0$
2. Die Sternwiderstände R_5 und R_6 sind nicht vorhanden, d.h. $R_5 = R_6 = 0$
3. Für die äußeren Spannungsquellen gilt die Zuordnung $U_1 = 0$, $U_2 = U_{10}$, $U_3 = -U_{20}$
4. Für die äußeren Widerstände gilt die Zuordnung $R_1 \equiv \infty$ ($1 \cdot 10^{+10}$ gesetzt), $R_2 \equiv R_{i1}$, $R_3 \equiv R_{i2}$, $R_4 \equiv R_B$

Bei den vom Rechner ausgegebenen Ergebnissen gilt folgende Zuordnung:
Der Strom I_1 ist in der gegebenen Schaltung nicht vorhanden.
Der Strom I_2 entspricht dem Strom I_1 in der gegebenen Schaltung.
Der Strom I_3 entspricht dem negativen Strom I_2 in der gegebenen Schaltung.
Die Spannung U_4 entspricht der Spannung U_B in der gegebenen Schaltung.
Die Leistung P_1 ist nicht vorhanden.
R_1 kann theoretisch gleich unendlich oder auch gleich Null gesetzt werden. Programmtechnisch sind jedoch die Extremwerte unzulässig, da diese zu einem unendlich großen oder unendlich kleinen Wert der Determinante führen. Daher ist R_1 entweder gleich $10^{10}\,\Omega$ als Ersatz für unendlich oder gleich $10^{-10}\,\Omega$ als Ersatz für null zu setzen.

Eingaben:	EEX 10	STO 1
	1	STO 2
	2	STO 3
	10	STO 4
	0	STO 5
	0	STO 6
	0	STO A
	12	STO B
	–12	STO C

Start [E]

Ergebnisse:
1. Kurze Pause: Determinante $D = 3{,}2 \cdot 10^{11}$
2. Lange Pause bzw. Ausdruck: $I_1 = 0{,}00$ A entfällt
3. Lange Pause bzw. Ausdruck: $I_2 = 0{,}75$ A $\hat{=}\ I_1$
4. Lange Pause bzw. Ausdruck: $I_3 = -0{,}38$ A $\hat{=}\ -I_2$
5. Lange Pause bzw. Ausdruck: $U_4 = 11{,}25$ V $\hat{=}\ U_B$
6. Lange Pause bzw. Ausdruck: $P_1 = 0{,}00$ W entfällt

Die Rechenzeit beträgt rd. 40 Sekunden

Für EEX CHS 10 in STO 1 ist der Wert der Determinante $D = 3{,}2 \cdot 10^{-9}$.

Für $R_1 = 10^5\,\Omega$ ergibt sich für die Determinante $D = 3{,}2 \cdot 10^6$ und nachfolgend die vorgenannten Lösungswerte. Daraus ist ersichtlich, daß die gesetzten Extremwerte für R_1 kein „Umkippen" der Rechnung bewirken.

c) Zu folgender Matrix A ist die Determinante D und die inverse Matrix A^{-1} zu bestimmen:

$$A = \begin{bmatrix} 6 & 2 & -1 \\ 5 & 4 & -2 \\ -3 & 1 & -4 \end{bmatrix}$$

Eingaben:	6	STO 1	
	5	STO 2	1. Spalte
	–3	STO 3	
	2	STO 4	
	4	STO 5	2. Spalte
	1	STO 6	
	–1	STO 7	
	–2	STO 8	3. Spalte
	–4	STO 9	

Start [A]

Ergebnis: D = – 49 (Determinante der Matrix A)

Rechenzeit rd. 5 Sekunden

In einer kurzen Pause wird der Wert der Determinante mit D = – 49 angezeigt. Nach Stop mit 0 in der Anzeige ist die inverse Matrix berechnet. Die Elemente sind spaltenweise in den Speichern STO 1 bis STO 9 abgespeichert.

Start [B]

$$\text{Ergebnis:}\quad A^{-1} = \begin{bmatrix} 0{,}29 & -0{,}14 & 0 \\ -0{,}53 & 0{,}55 & -0{,}14 \\ -0{,}35 & 0{,}24 & -0{,}29 \end{bmatrix} \Longrightarrow \begin{bmatrix} \text{STO 1} & \text{STO 4} & \text{STO 7} \\ \text{STO 2} & \text{STO 5} & \text{STO 8} \\ \text{STO 3} & \text{STO 6} & \text{STO 9} \end{bmatrix}$$

Rechenzeit rd. 20 Sekunden

Die Ausgangsmatrix A kann durch nochmaligen Aufruf der Inversion mit Start B wieder erzeugt werden.

d) Die quadratische Matrix A soll mit der Spaltenmatrix B multipliziert werden:

$$A = \begin{bmatrix} 5 & 3 & 2 \\ -1 & 4 & 0 \\ 6 & -7 & -3 \end{bmatrix} \qquad B = \begin{bmatrix} 2 \\ 5 \\ -1 \end{bmatrix}$$

Gesucht ist die Spaltenmatrix $C = A \cdot B$.

Eingaben:	5	STO 1	1. Spalte
	–1	STO 2	
	6	STO 3	
	3	STO 4	2. Spalte
	4	STO 5	
	–7	STO 6	
	2	STO 7	3. Spalte
	0	STO 8	
	–3	STO 9	
	2	STO A	Spaltenmatrix
	5	STO B	
	–1	STO C	

Start [C]

$$\text{Ergebnisse:}\quad C = \begin{bmatrix} 23 \\ 18 \\ -20 \end{bmatrix} \quad \begin{matrix} \text{(abgespeichert in STO D)} \\ \text{(abgespeichert in STO E)} \\ \text{(abgespeichert in STO I)} \end{matrix}$$

Rechenzeit rd. 20 Sekunden

2.1.5 Netzwerke mit komplexen Widerständen

Bei der Berechnung von Netzwerken mit komplexen Widerständen tritt neben den vier Grundrechenarten in Polar- und kartesischer Koordinationsdarstellung als weitere Grundoperation die Berechnung des Parallel-Ersatzwiderstandes auf:

$$\underline{Z} = \frac{\underline{Z}_1 \cdot \underline{Z}_2}{\underline{Z}_1 + \underline{Z}_2}$$

In dem nachfolgend angegebenen Programm „Komplexe Netzwerkberechnung", siehe Tabelle 2.1.2, mit 107 Anweisungen sind die fünf Grundoperationen Addition, Subtraktion, Multiplikation, Division und Parallelschaltung zur Behandlung komplexer Netzwerke in Polarkoordinaten über die Startadressen Label A bis Label E sowie in kartesische Koordinaten über Label a bis Label e abrufbar. Die Unterprogramme Label 0 bzw. Label 1 dienen der Koordinatenumwandlung für zwei komplexe Größen, die im Stackregister vorliegen. Dabei bleibt die Reihenfolge der beiden komplexen Größen im vierstufigen Stackregister unverändert. Mit dem Unterprogramm Label 0 wird von Polarkoordi-

Tabelle 2.1.2 Anweisungsliste „Komplexe Netzwerkberechnung"

Polarkoordinaten			Kartische Koordinaten			Unterprogramme	
𝔄 + 𝔅	001	*LBLA	𝔄 + 𝔅	037	*LBLa	073	*LBL0
	002	GSB0		038	X⇄Y	074	→R
	003	GSBa		039	R↓	075	R↓
	004	GSB1		040	+	076	R↓
	005	RTN		041	R↓	077	→R
𝔄 − 𝔅	006	*LBLB		042	+	078	R↑
	007	GSB0		043	R↑	079	R↑
	008	GSBb		044	RTN	080	RTN
	009	GSB1	𝔄 − 𝔅	045	*LBLb	081	*LBL1
	010	RTN		046	X⇄Y	082	→P
𝔄 · 𝔅	011	*LBLC		047	R↓	083	R↓
	012	X⇄Y		048	−	084	R↓
	013	R↓		049	R↓	085	→P
	014	×		050	X⇄Y	086	R↑
	015	R↓		051	−	087	R↑
	016	+		052	R↑	088	RTN
	017	R↑		053	RTN	089	*LBL2
	018	RTN	𝔄 · 𝔅	054	*LBLc	090	STO3
𝔄 ÷ 𝔅	019	*LBLD		055	GSB1	091	R↓
	020	X⇄Y		056	GSBC	092	STO2
	021	R↓		057	GSB0	093	R↓
	022	÷		058	RTN	094	STO1
	023	R↓	𝔄 ÷ 𝔅	059	*LBLd	095	R↓
	024	X⇄Y		060	GSB1	096	STO0
	025	−		061	GSBD	097	R↓
	026	R↑		062	GSB0	098	RTN
	027	RTN		063	RTN	099	*LBL3
𝔄 ∥ 𝔅	028	*LBLE	𝔄 ∥ 𝔅	064	*LBLe	100	STO4
	029	GSB2		065	GSB2	101	X⇄Y
	030	GSBA		066	GSBa	102	STO5
	031	GSB3		067	GSB3	103	RCL0
	032	GSBC		068	GSBc	104	RCL1
	033	RCL5		069	RCL5	105	RCL2
	034	RCL4		070	RCL4	106	RCL3
	035	GSBD		071	GSBd	107	RTN
	036	RTN		072	RTN		

naten in kartesische Koordinaten umgewandelt, mit dem Unterprogramm Label 1 wird die umgekehrte Umwandlung getätigt.
Das Programm „Komplexe Netzwerkberechnung" ist kein problemorientiertes Lösungsprogramm, sondern es stellt lediglich die für die komplexe Rechnung erforderliche komplexe Funktion durch spezifizierte Unterprogrammaufrufe zur Verfügung. Bei einer konkreten Aufgabenstellung können diese Unterprogramme als Programmbausteine eingebaut werden [7, 8].

2.1.6 Anwendungsbeispiel einer komplexen Netzwerkberechnung

Ein Netzwerk aus komplexen Widerständen (Bild 2.1.5) ist an eine Wechselspannung von U = 220 V angeschlossen. Mit Hilfe des Programms „Komplexe Netzwerkberechnung" sollen der Gesamtwiderstand sowie alle Teilströme und Teilspannungen bestimmt werden.

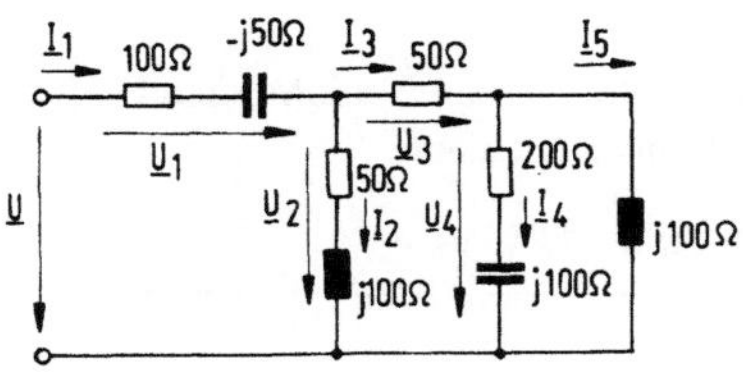

Bild 2.1.5 Netzwerk mit komplexen Widerständen

Eingabe	Tasten	Ergebnisse / Bemerkungen
$\underline{Z}_5$: { 100 0	ENTER ENTER	
$\underline{Z}_4$: { −100 200	ENTER	
Parallel: $\underline{Z}_4 \parallel \underline{Z}_5$	[f] [e]	$\underline{Z}_4 = (50 + j\,100)\ \Omega$
$\underline{Z}_3$: { 0 50	ENTER	
Addition: $\underline{Z}_4' + \underline{Z}_3$	[f] [a]	$\underline{Z}_3' = (100 + j\,100)\ \Omega$
$\underline{Z}_2$: { 100 50	ENTER	
Parallel: $\underline{Z}_3' \parallel \underline{Z}_2$	[f] [e]	$\underline{Z}_2' = (36 + j\,52)\ \Omega$
$\underline{Z}_1$: { −50 100	ENTER	
Addition: $\underline{Z}_2' + \underline{Z}_1$	[f] [a] [→P]	Eingangsimpedanz: $\underline{Z}_e = (136 + j\,2)\ \Omega$ (Eingangsimpedanz) $\underline{Z}_e = 136{,}01\ e^{j\,0{,}84°}\ \Omega$

Eingabe	Tasten	Bemerkungen / Ergebnisse
$\underline{U}$: { 0	ENTER	
220	[R↓]	Zweimaliges Rollen, damit die Impedanz $\underline{Z}_e$
	[R↓]	im X-, Y-Register vorliegt
Division: $\frac{\underline{U}}{\underline{Z}_e}$	[D]	Eingangsstrom: $\underline{I}_1 = 1{,}62\ e^{-j\,0{,}84^\circ}$ A (Eingangsstrom)
$\underline{Z}_1$: { –50	ENTER	
100	[→P]	Polarkoordinatenumwandlung
Multiplikation: $\underline{I}_1 \cdot \underline{Z}$	[C]	$\underline{U}_1 = 180{,}84\ e^{-j\,27{,}41^\circ}$ V
$\underline{U}$: { 0	[ENTER]	
220	[R↓]	Zweimaliges Rollen, damit der Minuend $\underline{U}_1$
	[R↓]	im X-, Y-Register vorliegt.
Subtraktion: $\underline{U} - \underline{U}_1$	[B]	$\underline{U}_2 = 102{,}30\ d^{j\,54{,}46^\circ}$ V
$\underline{Z}_2$: { 100	ENTER	
50	[→P]	Polarkoordinatenumwandlung
Division: $\frac{\underline{U}_2}{\underline{Z}_2}$	[D]	$\underline{I}_2 = 0{,}91\ e^{-j\,8{,}97^\circ}$ A
$\underline{I}_1$: { –0,84	[ENTER]	
1,62	[R↓]	Zweimaliges Rollen, damit der Minuend $\underline{I}_2$
	[R↓]	im X-, Y-Register vorliegt.
Subtraktion: $\underline{I}_1 - \underline{I}_2$	[B]	$\underline{I}_3 = 0{,}73\ e^{j\,9{,}43^\circ}$ A
$\underline{Z}_3$: { 0	[ENTER]	
50		
Multiplikation: $\underline{I}_3 \cdot \underline{Z}_3$	[C]	$\underline{U}_3 = 36{,}29\ e^{j\,9{,}43^\circ}$ V
$\underline{U}_2$: { 54,46	[ENTER]	
102,30	[R↓]	Zweimaliges Rollen, damit der Minuend $\underline{U}_3$
	[R↓]	im X-, Y-Register vorliegt.
Subtraktion: $\underline{U}_2 - \underline{U}_3$	[B]	$\underline{U}_4 = 80{,}84\ e^{j\,72{,}98^\circ}$ V
$\underline{Z}_4$: { –100	ENTER	
200	[→P]	Polarkoordinatenumwandlung
Division: $\frac{\underline{U}_4}{\underline{Z}_4}$	[D]	$\underline{I}_4 = 0{,}36\ e^{j\,99{,}54^\circ}$ A

Eingabe	Tasten	Ergebnisse / Bemerkungen
$\underline{Z}_4$: { −100	ENTER	
200	[→P]	Polarkoordinatenumwandlung
Multiplikation: $\underline{I}_4 \cdot \underline{Z}_4$	[C]	$\underline{U}_4 = 80{,}84\ e^{j\ 72{,}98^\circ}$ V
$\underline{Z}_5$: { 100	ENTER	
0	[→P]	Polarkoordinatenumwandlung
Division: $\frac{\underline{U}_4}{\underline{Z}_5}$	[D]	$\underline{I}_5 = 0{,}81\ e^{-j\ 17{,}02^\circ}$ A

2.2 Übergangsvorgänge 1. Ordnung

Die Sprungantwort von Systemen mit einem Energiespeicher kann bei bekanntem Anfangswert und Endwert durch eine Übergangsfunktion 1. Ordnung beschrieben werden:

$$x(t) = x_0\, e^{-\frac{t}{T}} + x_\infty \left(1 - e^{-\frac{t}{T}}\right) \tag{2.2.1}$$

Die Übergangsfunktion enthält eine mit der Systemzeitkonstanten T abklingende Anfangsgröße x_0 und die sich mit der Systemzeitkonstante aufbauende Lösung für den Endzustand x_∞.
Sind die Vorzeichen von Anfangswert x_0 und Endwert x_∞ verschieden, so schneidet die Übergangsfunktion $x(t)$ zur Zeit t_0 die Nullinie. Für die Zeit t_0 gilt

$$t_0 = T \ln \frac{x_\infty - x_0}{x_\infty} \tag{2.2.2}$$

2.2.1 Programmbeschreibung „Übergangsvorgang 1. Ordnung"

Das in Tabelle 2.2.1 angegebene Programm für die zyklische Berechnung der Funktionswerte aus Gl. (2.2.1) benötigt außer dem Stackregister und den Speichern STO A bis STO D für die Eingabewerte x_0, x_∞, T und $\Delta\tau$ keine Arbeitsspeicher. Das Zyklusprogramm wird über die Startadresse Label A aufgerufen. Der im X-Register vorliegende Wert wird als Startwert für die normierte Zeit $\tau = \frac{t}{T}$ genommen. Mit den drei ENTER-Anweisungen wird in allen Stackregistern die normierte Zeit eingeschoben.
Mit der Print-Anweisung in Zeile 008 wird die jeweilige Zeit t ausgedruckt. Das Ergebnis der Gl. (2.2.1) wird in Zeile 022 ausgegeben. In den Zeilen 025, 026 wird die normierte Zeit τ um die in STO D vorgegebene Schrittweite $\Delta\tau$ erhöht und mit dem Sprung an den Programmanfang der nächste Berechnungszyklus eingeleitet.
Die Berechnung der Zeit t_0 für den Nulldurchgang der Funktion $x(t)$ gemäß Gl. (2.2.2) wird in den folgenden Programmteil beginnend mit Label a in Zeile 028 bis zur R/S-Anweisung in Zeile 038 durchgeführt. In Zeile 035 wird in einer kurzen Pause die normierte Zeit τ_0 angezeigt.

Tabelle 2.2.1 Anweisungsliste „Übergangsvorgang 1. Ordnung"

Zeitfunktion	001	*LBLA	
	002	ENT↑	
	003	ENT↑	
	004	ENT↑	
	005	RCLC	
	006	x	
	007	PSE	⇦⇨ } t
	008	PRTX	⇨ } t
	009	R↓	
	010	RCLA	
	011	X⇄Y	
	012	CHS	
	013	e^x	
	014	x	
	015	LSTX	
	016	CHS	
	017	1	
	018	+	
	019	RCLB	
	020	x	
	021	+	
	022	PRTX	⇨ x(t)
	023	SPC	
	024	X⇄Y	
	025	RCLD	
	026	+	
	027	GTOA	
Nulldurchgang	028	*LBLa	
	029	RCLB	
	030	RCLA	
	031	-	
	032	RCLB	
	033	÷	
	034	LN	
	035	PSE	⇨ $\frac{t_0}{\tau} = \tau_0$
	036	RCLC	
	037	x	
	038	R/S	⇨ t_0

2.2.2 Anwendungsbeispiel

In der in Bild 2.2.1 angegebenen Schaltung wird zur Zeit t = 0 der Schalter S geschlossen. Gesucht ist der zeitliche Verlauf der Spannung u_C (t).

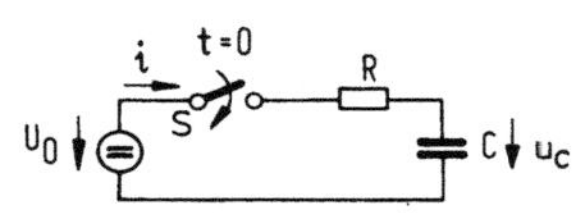

Bild 2.2.1 Einschaltvorgang eines RC-Kreises

Zahlenwerte:

$U_0 = 12$ V
R = 1 kΩ
C = 5000 μF
$u_C(t = 0) = -10$ V

$$T = R \cdot C = 10^3 \Omega \cdot 5000 \cdot 10^{-6} \mathrm{F} = 5\,\mathrm{s}$$

$$U_{C0} = -10\ \mathrm{V}$$

$$U_{C\infty} = 12\ \mathrm{V}$$

$$u_C(t) = -10\ \mathrm{V}\, e^{-\frac{t}{5s}} + 12\ \mathrm{V} \left(1 - e^{-\frac{t}{5s}}\right)$$

Eingaben:	Anfangswert	U_{C0}:	− 10	STO A
	Endwert	$U_{C\infty}$:	12	STO B
	Zeitkonstante	T:	5	STO C
	normierte Zykluszeit	$\Delta\tau$:	1	STO D

Start: 0, [A]

Ergebnisse:

t_1 =	0.00 s	t_6 =	25.00 s
$u_C(t_1)$ =	− 10.00 V	$u_C(t_6)$ =	11.85 V
t_2 =	5.00 s	t_7 =	30.00 s
$u_C(t_2)$ =	3.91 V	$u_C(t_7)$ =	11.95 V
t_3 =	10.00 s	t_8 =	35.00 s
$u_C(t_3)$ =	9.02 V	$u_C(t_8)$ =	11.98 V
t_4 =	15.00 s	t_9 =	40.00 s
$u_C(t_4)$ =	10.90 V	$u_C(t_9)$ =	11.99 V
t_5 =	20.00 s		
$u_C(t_5)$ =	11.60 V		

Die Rechenzeit für einen Zyklus beträgt rd. 3 Sekunden.

Die Zeit für den Nulldurchgang wird nach dem Aufruf des Programms in Label a ausgegeben.

Start: [f] [a]

Ergebnis: $\tau_0 = 0{,}61$ (Anzeige mit kurzer Pause)
$t_0 = 3.03$ s

Der zeitliche Verlauf der Spannung u_C (t) ist in Bild 2.2.2 aufgetragen.

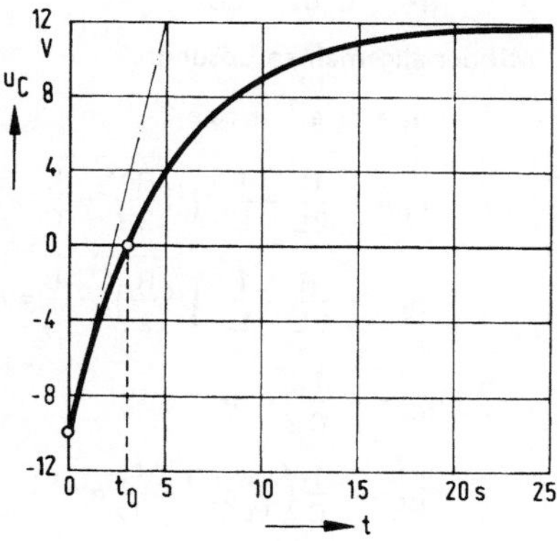

Bild 2.2.2
Übergangsvorgang 1. Ordnung

2.3 Freie Schwingung in elektrischen Stromkreisen

2.3.1 Einschaltvorgang eines RLC-Kreises

Der zeitliche Verlauf der Ströme und Spannungen in einem elektrischen Stromkreis nach einem Schaltvorgang läßt sich mit dem Überlagerungsgesetz aus der Summe eines stationären Anteils und eines Ausgleichanteiles bestimmen. Der Ausgleichanteil stellt einen freien Schwingungsvorgang in dem Stromkreis dar, durch den der vorgegebene Anfangszustand auf den von außen eingeprägten stationären Endzustand übergeführt wird [9].

Für den Gesamtstrom i in Bild 2.3.1 mit

$$i = i_d + i_f \tag{2.3.1}$$

gilt die Maschengleichung

$$u = i_d R + L \frac{di_d}{dt} + \frac{1}{C}\int i_d\,dt + i_f R + L\frac{di_f}{dt} + \frac{1}{C}\int i_f\,dt \tag{2.3.2}$$

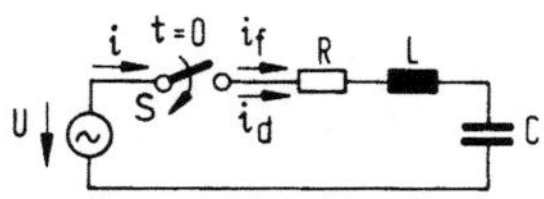

Bild 2.3.1
Einschaltvorgang eines RLC-Kreises

Setzt man die Summe der Terme mit dem freien Strom i_f gleich Null, so verbleibt die für den stationären Endzustand gültige Gleichung übrig. Es gilt also unabhängig von der äußeren Spannung die Gleichung

$$0 = i_f R + L\frac{di_f}{dt} + \frac{1}{C}\int i_f\,dt \tag{2.3.3}$$

Beim Einschaltvorgang stellt die Gl. (2.3.3) nur einen Teil der Lösung von Gl. (2.3.2) dar, während sie beim Ausschaltvorgang (Kurzschluß der Spannungsquelle) die gesamte Lösung liefert.
Die Differentation der Gl. (2.3.2) liefert eine homogene Differentialgleichung zweiter Ordnung, ersten Grades der Form:

$$\frac{d^2 i_f}{dt^2} + \frac{R}{L}\frac{di_f}{dt} + \frac{1}{LC}\int i_f = 0 \tag{2.3.4}$$

Mit der allgemeinen Lösung:

$$i_f = c_1 e^{r_1 t} + c_2 e^{r_2 t} \tag{2.3.5}$$

$$r_1 = -\frac{R}{2L} + \frac{1}{L}\sqrt{\left(\frac{R}{2}\right)^2 - \frac{L}{C}} = \alpha + \delta \tag{2.3.6}$$

$$r_2 = -\frac{R}{2L} - \frac{1}{L}\sqrt{\left(\frac{R}{2}\right)^2 - \frac{L}{C}} = \alpha - \delta \tag{2.3.7}$$

$$u_{Cf} = -\frac{1}{C}\int i_f\,dt \tag{2.3.8}$$

$$u_{Cf} = -\frac{1}{C}\left(\frac{c_1}{r_1}e^{r_1 t} + \frac{c_2}{r_2}e^{r_2 t}\right) \tag{2.3.9}$$

Da die magnetische Energie der Induktivität proportional dem Quadrat des Stromes und die elektrische Energie der Kapazität proportional dem Quadrat der Spannung ist, bleiben Strom und alle Spannungen im Schaltaugenblick unverändert, d.h. als Anfangsbedingung gelten diejenigen Werte, mit denen der vorhergehende Dauerzustand beendet wurde:

$$i_f(+0) = i_d(-0) = I_0 \tag{2.3.10}$$

$$u_{Cf}(+0) = u_d(-0) = U_{Co} \tag{2.3.11}$$

2.3.2 Anfangsbedingungen

Charakteristische Übergangsvorgänge ergeben sich für zwei verschiedene Anfangsbedingungen:

a) Die freie Schwingung wird eingeleitet, wenn die Aufladung des Kondensators auf $+U_{Co}$ beendet ist, d.h. der Strom $i_{fo} = 0$ wird. Der Ausgleichsvorgang bewirkt zunächst einen Abbau der im Kondensator gespeicherten Energie.

b) Die freie Schwingung wird eingeleitet, wenn der Stromfluß durch die Induktivität sein Maximum $i_{fo} = I_0$ erreicht, d.h. die Spannung $u_2 = 0$ wird. Der Ausgleichsvorgang bewirkt zunächst einen Abbau der gespeicherten magnetischen Energie.

2.3.3 Aufgeladener elektrischer Energiespeicher

Der Fall des aufgeladenen elektrischen Energiespeichers entspricht den Anfangsbedingungen $u_{Cf}(0) = U_{Co}$ und $i_f(0) = 0$.
Aus Gln. (2.3.3) und (2.3.7) folgt für $t = 0$:

$$c_1 = -c_2 = C \cdot U_{Co}\,\frac{r_1 \cdot r_2}{r_1 - r_2} \tag{2.3.12}$$

Damit ergibt sich für den freien Strom i_f aus Gl. (2.3.3)

$$i_f = \frac{U_{Co}}{L\delta} e^{\alpha t} \frac{e^{\delta t} - e^{-\delta t}}{2} \tag{2.3.13}$$

oder in hyperbolischer Schreibweise:

$$i_f = \frac{U_{Co}}{L\delta} e^{\alpha t} \sinh \delta t \tag{2.3.13a}$$

Aus Gl. (2.3.7) ergibt sich für die freie Einschwingspannung u_{Cf} am Kondensator:

$$u_{Cf} = \frac{U_{Co}}{\delta} e^{\alpha t} \left(\alpha \frac{e^{\delta t} - e^{-\delta t}}{2} + \delta \frac{e^{\delta t} + e^{-\delta t}}{2} \right) \tag{2.3.14}$$

oder in hyberbolischer Schreibweise:

$$u_{Cf} = \frac{U_{Co}}{\delta} e^{\alpha t} (\alpha \sinh \delta t + \delta \cosh \delta t) \tag{2.3.14a}$$

Vor Inangriffnahme der numerischen Lösung der Gln. (2.3.13 und 2.3.14) sind drei Fälle zu unterscheiden, die zu den drei charakteristischen Ausgleichsvorgängen: aperiodischer Verlauf, aperiodischer Grenzfall und gedämpfte periodische Schwingung führen:

1. Aperiodischer Verlauf, d.h. δ = reell

Es gilt:

$$\frac{R}{2} > \sqrt{\frac{L}{C}} \tag{2.3.15}$$

Für die Programmierung geeignete Formen der Lösungsgleichungen sind:

$$i_f = \frac{U_{Co}}{2L\delta} e^{-\frac{t}{T}} (e^{\delta t} - e^{-\delta t}) \tag{2.3.16}$$

$$u_{Cf} = \frac{U_{Co}}{C\delta} e^{-\frac{t}{T}} \left(\frac{e^{\delta t}}{R - 2L\delta} - \frac{e^{-\delta t}}{R + 2L\delta} \right) \tag{2.3.17}$$

mit:

$$T = \frac{2L}{R} \tag{2.3.18}$$

$$\delta = \frac{1}{L} \sqrt{\left(\frac{R}{2}\right)^2 - \frac{L}{C}} \tag{2.3.19}$$

2. Aperiodischer Grenzfall, d.h. δ = 0

Es gilt:

$$\frac{R}{2} = \sqrt{\frac{L}{C}} \tag{2.3.20}$$

Da die Lösungsgleichungen (2.3.16 und 2.3.17) mathematisch unbestimmte Formen ergeben, müssen diese nach der L'Hospitalschen Regel bearbeitet werden:
Wegen:

$$\left. \frac{e^{\delta t} - e^{-\delta t}}{\delta} \right|_{\delta = 0} = 2t \tag{2.3.21}$$

ergeben sich für die Programmierung geeignete Lösungsformeln zu:

$$i_f = \frac{2\,U_{Co}}{R}\,\frac{t}{T}\,e^{-\frac{t}{T}} = \frac{U_{Co}}{L}\,t\,e^{-\frac{t}{T}} \qquad (2.3.22)$$

$$u_{Cf} = U_{Co}\left(1 + \frac{t}{T}\right)e^{-\frac{t}{T}} \qquad (2.3.23)$$

3. Gedämpft periodische Schwingungen, d.h. $\delta = j\omega$

Es gilt:

$$\frac{R}{2} < \sqrt{\frac{L}{C}}$$

Aus Gln. (2.3.16 und 2.3.17) ergeben sich mit der Eulerschen Formel $e^{j\omega t} = \cos\omega t + j\sin\omega t$ für die Programmierung geeignete Lösungsgleichungen zu:

$$i_f = \frac{U_{Co}}{\omega L}\,e^{-\frac{t}{T}}\sin\omega t \qquad (2.3.24)$$

$$u_{Cf} = \frac{U_{Co}}{\omega L}\sqrt{\frac{L}{C}}\,e^{-\frac{t}{T}}\sin(\omega t + \arctan\omega T) \qquad (2.3.25)$$

2.3.4 Erregter magnetischer Energiespeicher

Der Fall des erregten magnetischen Energiespeichers ist besonders wichtig bei den Untersuchungen von Überspannungen an elektrischen Betriebsmitteln als Folge von Kurzschlußabschaltungen. Dieser Fall entspricht den Anfangsbedingungen $i_f(0) = I_0$ und $u_{Cf}(0) = 0$.
Aus Gln. (2.3.5 und 2.3.9) folgt für $t = 0$:

$$c_1 = I_0\,\frac{r_1}{r_1 - r_2} \qquad (2.3.26)$$

$$c_2 = -\,I_0\,\frac{r_2}{r_1 - r_2} \qquad (2.3.27)$$

Damit ergibt sich für den freien Strom i_f aus Gl. (2.3.5):

$$i_f = \frac{I_0}{\delta}\,e^{\alpha t}\left(\alpha\,\frac{e^{\delta t} - e^{-\delta t}}{2} + \delta\,\frac{e^{\delta t} + e^{-\delta t}}{2}\right) \qquad (2.3.28)$$

Aus Gl. (2.3.9) ergibt sich für die freie Einschwingspannung u_{Cf} am Kondensator:

$$u_{Cf} = -\,\frac{I_0}{\delta C}\,e^{\alpha t}\,\frac{e^{\delta t} - e^{-\delta t}}{2} \qquad (2.3.29)$$

Entsprechend zum vorigen Abschnitt sind wieder drei Fälle für den Ausgleichsvorgang zu unterscheiden:

1. Aperiodischer Verlauf, d.h. δ = reell

$$u_{Cf} = \frac{I_0}{2C\delta}\,e^{-\frac{t}{T}}\left(e^{\delta t} - e^{-\delta t}\right) \qquad (2.3.30)$$

$$i_f = \frac{I_0}{2\delta}\,e^{-\frac{t}{T}}\left(\frac{R}{2L} + \delta\right)e^{\delta t} - \left(\frac{R}{2L} - \delta\right)e^{-\delta t} \qquad (2.3.31)$$

2. Aperiodischer Grenzfall, d.h. $\delta = 0$

$$u_{Cf} = -\frac{I_0 R}{2} \frac{t}{T} e^{-\frac{t}{T}} = -\frac{I_0}{C} t\, e^{-\frac{t}{T}} \qquad (2.3.32)$$

$$i_f = I_0 \left(1 - \frac{t}{T}\right) e^{-\frac{t}{T}} \qquad (2.3.33)$$

3. Gedämpft periodische Schwingung, d.h. $\delta = j\omega$

$$u_{Cf} = -\frac{I_0}{\omega C} e^{-\frac{t}{T}} \sin \omega t \qquad (2.3.34)$$

$$i_f = -\frac{I_0}{\omega L} \sqrt{\frac{L}{C}}\, e^{-\frac{t}{T}} \sin(\omega t - \arctan \omega T) \qquad (2.3.35)$$

2.3.5 Programmbeschreibung „Freie Schwingung C"

Das in Tabelle 2.3.1 angegebene Programm umfaßt 223 Programmzeilen. Vor dem Programmstart über die Startadresse Label A sind folgende Eingaben erforderlich:

Anfangsspannung des Kondensators	U_{Co}	in	V	⇒	STO A
Widerstand des Reihenschwingkreises	R	in	Ω	⇒	STO B
Kapazität des Reihenschwingkreises	C	in	F	⇒	STO C
Induktivität des Reihenschwingkreises	L	in	H	⇒	STO D

Nach einigen vorbereitenden Rechnungen und Speicherbelegungen in den Zeilen 003 bis 025 wird als erstes Ergebnis die Zeitkonstante T gemäß Gl. (2.3.18) in Zeile 026 ausgegeben. Mit den Abfragen in den Zeilen 028 und 033 werden die Fallunterscheidungen für die Varianten der möglichen Lösungen: aperiodischer Verlauf, aperiodischer Grenzfall und gedämpft periodische Schwingung vorgenommen. Die Gleichungen für eine gedämpft periodische Schwingung Gln. (2.3.24 und 2.3.25) werden ab Adresse Label a in Zeile 124 ausgewertet. Beim aperiodischen Grenzfall, d.h. der Wurzelradikant aus Gl. (2.3.19) verschwindet, wird die weitere Berechnung bei der Adresse Label b in Zeile 093 fortgesetzt. Der aperiodische Verlauf wird ab der Programmzeile 035 bis zu der Zeile 092 berechnet. Für die beiden aperiodischen Berechnungsvarianten wird in den Zeilen 030, 031 die Schrittweite für die zyklische Berechnung auf 1/5tel der Zeitkonstanten T festgelegt und in STO 8 abgespeichert.

Für den Fall der gedämpft periodischen Schwingung werden Lösungspunkte an den Maximastellen der Sinusfunktion der Gln. (2.3.24 und 2.3.25) berechnet. Hierzu wird eine Umsteuerung mit Hilfe des Flags F2 zwischen dem Wert von $\arctan \omega T + k \cdot 180°$ und dem Wert $90° + k \cdot 180°$ vorgenommen. Der Wert $\arctan \omega T$ ist als Winkel im Gradmaß in STO 3 abgespeichert.

Die Schleife für die zyklische Berechnung beginnt für den gedämpften Schwingungsfall mit Label c in Zeile 168, für den aperiodischen Grenzfall mit Label d in Zeile 102 und für den aperiodischen Fall mit Label e in Zeile 052. Für alle Varianten wird die aktuelle Zykluszeit t (bzw. der Winkel ωt für den Fall der gedämpften Schwingung) in einer kurzen Pause angezeigt. Hierzu ist das Unterprogramm Label 3 von Zeile 218 bis 223 vorgesehen. Dadurch besteht die Möglichkeit, während der kurzen Pause durch Betätigung der R/S-Taste die Berechnung anzuhalten und eine spezielle Zeit oder auch eine spezielle Schrittweite Δt in STO 8 einzugeben. Der im X-Register vorliegende Wert wird bei wiederholter Betätigung der R/S-Taste als Zeit t oder als Winkel ωt ausgedruckt und in den Speicher für die laufende Zeit t (bzw. für den Winkel ωt) übernommen.

Tabelle 2.3.1 Anweisungsliste „Freie Schwingung C"

```
Start uco  001  *LBLA
           002  CF2
           003  1
           004  0
           005  STOI
           006  RCLD
           007  STO0
           008  STO2
           009  STO3
           010  RCLC
           011  ST÷0
           012  ÷
           013  RCLB
           014  STO6
           015  STO7
           016  ST÷2
           017  2
           018  STO5
           019  ST×2
           020  ST×3
           021  ÷
           022  X²
           023  -
           024  RCL2
           025  STO6
           026  PRTX  ⇒ T
           027  R↓
           028  X>0?
           029  GTOa   → 124
           030  5
           031  ST÷8
           032  R↓
           033  X=0?
           034  GTOb   → 093
           035  CHS
           036  √X
           037  RCLD
           038  ÷
           039  STO1
           040  ST×3
           041  1
           042  GSB0
           043  RCLA
           044  RCL3
           045  ÷
           046  STO4
           047  RCL0
           048  ×
           049  ST×5
           050  0
           051  STOi
           052  *LBLe  ←
           053  GSB3
           054  RCLB
           055  RCL3
           056  -
           057  STO6
           058  RCLB
           059  RCL3
           060  +
           061  STO7
           062  RCLi
           063  RCL1
           064  ×
           065  eˣ
           066  ST÷6
           067  LSTX
           068  CHS
           069  eˣ
           070  ST÷7
           071  -
           072  RCLi
           073  GSB2
           074  STO9
           075  ×
           076  RCL4
           077  ×
           078  PRTX  ⇒ if
           079  RCL5
           080  RCL9
           081  ×
           082  RCL6
           083  1/X
           084  RCL7
           085  1/X
           086  -
           087  ×
           088  PRTX  ⇒ ucf
           089  SPC
           090  RCL8
           091  ST+i
           092  GTOe   → 052
-------------------------
           093  *LBLb
           094  2
           095  GSB0
           096  RCLA
           097  RCLD
           098  ÷
           099  STO4
           100  0
           101  STOi
           102  *LBLd  ←
           103  GSB3
           104  RCL2
           105  ÷
           106  STO5
           107  RCLi
           108  GSB2
           109  ST×5
           110  ST+5
           111  RCL4
           112  ×
           113  RCLi
           114  ×
           115  PRTX  ⇒ if
           116  RCLA
           117  ST×5
           118  RCL5
           119  PRTX  ⇒ ucf
           120  SPC
           121  RCL8
           122  ST+i
           123  GTOd   → 102
           124  *LBLa  ←
           125  RCLA
           126  STO4
           127  RCL0
           128  RCLB
           129  2
           130  ÷
           131  X²
           132  -
           133  √X
           134  RCLD
           135  ST÷4
           136  ÷
           137  STO1
           138  ST÷4
           139  Pi
           140  ÷
           141  2
           142  ÷
           143  STOE
           144  PRTX  ⇒ fo
           145  1/X
           146  PRTX  ⇒ To
           147  2
           148  ÷
           149  STO8
           150  RCL2
           151  RCL1
           152  ×
           153  TAN⁻¹
           154  STO3
           155  3
           156  GSB0
           157  9
           158  0
           159  CHS
           160  STOi
           161  *LBL1  ←
           162  RCL3
           163  ST-i
           164  1
           165  8
           166  0
           167  ST+i
           168  *LBLc  ←
           169  GSB3
           170  SIN
           171  RCL4
           172  ×
           173  RCLi
           174  D→R
           175  RCL1
           176  ÷
           177  GSB2
           178  STO6
           179  ×
           180  PRTX  ⇒ if
           181  RCL4
           182  RCL0
           183  √X
           184  ×
           185  RCL6
           186  ×
           187  RCLi
           188  RCL3
           189  +
           190  SIN
           191  ×
           192  PRTX  ⇒ ucf
           193  SPC
           194  F2?
           195  GTO1   → 161
           196  RCL3
           197  ST+i
           198  SF2
           199  GTOc   → 168
-------------------------
UP         200  *LBL0
           201  EEX
           202  1
           203  0
           204  ENT↑
           205  9
           206  ÷
           207  ×
           208  SPC
           209  PRTX  ⇒ {111 / 222 / 333}
           210  SPC
           211  RTN
-------------------------
UP         212  *LBL2
           213  RCL2
           214  ÷
           215  CHS
           216  eˣ
           217  RTN
-------------------------
UP         218  *LBL3
           219  RCLi
           220  PSE   ⇐ }
           221  PRTX  ⇒ } t
           222  STOi
           223  RTN
```

Das Unterprogramm Label 0 ab Zeile 200 dient zur Erzeugung eines Merkmales zur Kennzeichnung der jeweils vorliegenden Schwingkreisvariante. Für den aperiodischen Fall wird eine Zeile 111... erzeugt, für den aperiodischen Grenzfall eine Zeile 222... und für den Fall der gedämpften Schwingung eine Zeile 333...

Im Fall der gedämpft periodischen Schwingung wird zusätzlich zu der Zeitkonstanten T noch die Frequenz f_0 und die Periodendauer T_0 dieser Schwingung ausgegeben. Die zyklische Ergebnisausgabe erfolgt in Dreiergruppen als Zeit t bzw. Winkel ωt, Strom i_f der freien Schwingung und Spannung am Kondensator u_{Cf} der freien Schwingung innerhalb einer Endlosschleife, die durch Betätigung der R/S-Taste abgebrochen werden kann.

2.3.6 Test- und Anwendungsbeispiele

Es soll die freie Schwingung eines Reihenschwingkreises mit folgenden Daten ermittelt werden:

Anfangsspannung des Kondensators U_{Co} = 1.000V, Kapazität C = 0,3 μF,
Induktivität L = 0,0844 H

Widerstand a) R = 50Ω b) $R = 2\sqrt{\frac{L}{C}}$ c) R = 2.000Ω

a) Eingaben:

1.000	STO A	(U_{Co})
50	STO B	(R)
0,3 EEX − 6	STO C	(C)
0,0844	STO D	(L)

Start [A]:

Ergebnisse: $T = 3.376 \cdot 10^{-3}$ s
f_0 = 999,09 Hz
$T_0 = 1,0009 \cdot 10^{-3}$ s
3333333333 Merkmal für gedämpfte Schwingung

φ = 2,70°	φ = 182,70°
i_f = 0,09 A	i_f = − 0,08 A
u_{Cf} = 998,89 V	u_{Cf} = − 861,27 V
φ = 90,00°	φ = 270,00°
i_f = 1,75 A	i_f = − 1,51 A
u_{Cf} = 43,81 V	u_{Cf} = − 37,78 V

Die Ergebnisse sind in Bild 2.3.2 dargestellt.

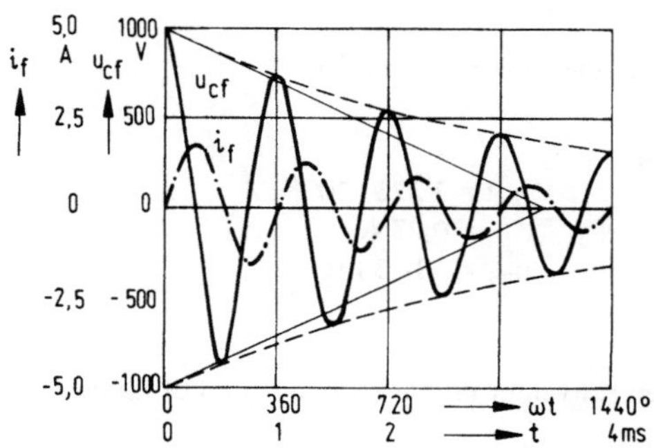

Bild 2.3.2
Freie Schwingung beim aufgeladenen elektrischen Energiespeicher für den Fall einer periodisch gedämpften Schwingung

b) Eingaben: 1.000 STO A (U_{Co})
0,3 EEX − 6 STO C (C)
0,0844 STO D (L)

RCL D, RCL C, ÷, $\sqrt{X}$, 2, x STO B $\left(R = 2\sqrt{\frac{L}{C}}\right)$

Start [A]:

Ergebnisse: $T = 1{,}59 \ldots 10^{-4}$ s
2222222222 Merkmale für den aperiodischen Grenzfall

$t = 0$ s
$i_f = 0$
$u_{Cf} = 1.000$ V
$t = 3{,}18 \ldots 10^{-5}$ s
$i_f = 0{,}31$ A
$u_{Cf} = 982{,}48$ V

Nach Anzeige $t = 6{,}36 \cdot 10^{-5}$ s Betätigung der R/S-Taste zur Änderung der Zykluszeit auf 1 ms:

. 1 EEX − 3 STO 8
. 2 EEX − 3 R/S

$t = 2{,}0 \cdot 10^{-4}$ s
$i_f = 0{,}67$ A
$u_{Cf} = 642{,}17$ V
$t = 3{,}0 \cdot 10^{-4}$ s
$i_f = 0{,}54$ A
$u_{Cf} = 437{,}93$ V

Die Ergebnisse sind in Bild 2.3.3 mit den Kurven a) für den Sprung und c) für den Strom aufgezeichnet.

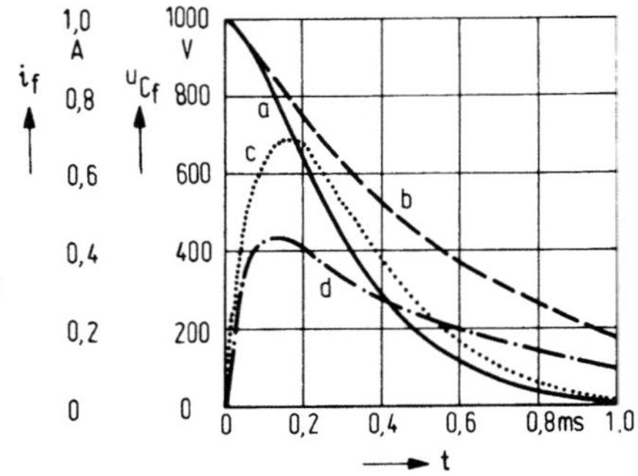

Bild 2.3.3 Freie Schwingung beim aufgeladenen elektrischen Energiespeicher für den aperiodischen Fall
a) Spannung beim aperiodischen Grenzfall $R = 2\sqrt{\frac{L}{C}}$
b) Spannung beim allgemeinen aperiodischen Fall $R = 2000\ \Omega$
c) Strom beim aperiodischen Grenzfall $R = 2\sqrt{\frac{L}{C}}$
d) Strom beim allgemeinen aperiodischen Fall $R = 2000\ \Omega$

c) Eingaben: 1.000 STO A (U_{Co})
2.000 STO B (R)
0,3 EEX − 6 STO C (C)
0,0844 STO D (L)

Start [A]:

Ergebnisse: $T = 8{,}44 \cdot 10^{-5}$ s
1111111111 Merkmal für den aperiodischen Fall

$t = 0{,}0$ s
$i_f = 0{,}0$ A
$u_{Cf} = 1.000$ V
$t = 1{,}688 \cdot 10^{-5}$ s
$i_f = 0{,}16$ A
$u_{Cf} = 995{,}06$ V

$t = 3{,}376 \cdot 10^{-5}$ s
$i_f = 0{,}27$ A
$u_{Cf} = 982{,}53$ V

Die Ergebnisse sind in Bild 2.3.3 mit den Kurven b) für die Spannung und d) für den Strom aufgezeichnet.

Tabelle 2.3.2 Anweisungsliste „Freie Schwingung L"

Start i_{f0}	001	*LBLA	
	002	CF2	
	003	1	
	004	0	
	005	STOI	
	006	RCLD	
	007	STO0	
	008	STO2	
	009	RCLC	
	010	STO3	
	011	ST÷0	
	012	÷	
	013	RCLB	
	014	STO6	
	015	STO7	
	016	ST÷2	
	017	2	
	018	ST×2	
	019	ST×3	
	020	÷	
	021	STO4	
	022	X^2	
	023	-	
	024	STO5	
	025	RCL2	
	026	STO8	
	027	PRTX	⇒ T
	028	R↓	
	029	X>0?	
	030	GTOa	
	031	5	
	032	ST÷8	
	033	R↓	
	034	X=0?	
	035	GTOb	
	036	CHS	
	037	√X	
	038	RCLD	
	039	÷	
	040	STO1	
	041	ST×3	
	042	1	
	043	GSB0	
	044	RCLA	
	045	RCL3	
	046	÷	
	047	STO4	
	048	RCLC	
	049	×	
	050	STO5	
	051	0	
	052	STOi	
	053	*LBLe	
	054	GSB3	
	055	RCL1	
	056	RCL2	
	057	1/X	
	058	+	
	059	STO6	
	060	LSTX	
	061	RCL1	
	062	-	
	063	STO7	
	064	RCLi	
	065	RCL1	
	066	×	
	067	e^x	
	068	ST÷6	
	069	LSTX	
	070	CHS	
	071	e^x	
	072	ST÷7	
	073	-	
	074	RCLi	
	075	GSB2	
	076	STO9	
	077	×	
	078	RCL4	
	079	×	
	080	CHS	
	081	PRTX	⇒ u_{cf}
	082	RCL5	
	083	RCL9	
	084	×	
	085	RCL6	
	086	RCL7	
	087	-	
	088	×	
	089	GSB4	
	090	GTOe	
	091	*LBLb	
	092	2	
	093	GSB0	
	094	RCLA	
	095	ST×4	
	096	0	
	097	STOi	
	098	*LBLd	
	099	GSB3	
	100	RCL2	
	101	÷	
	102	STO3	
	103	STO5	
	104	RCLi	
	105	GSB2	
	106	ST×5	
	107	ST-5	
	108	RCL4	
	109	×	
	110	RCL3	
	111	×	
	112	CHS	
	113	PRTX	⇒ u_{cf}
	114	RCLA	
	115	ST×5	
	116	RCL5	
	117	CHS	
	118	GSB4	
	119	GTOd	
	120	*LBLa	
	121	RCLA	
	122	STO4	
	123	RCL5	
	124	√X	
	125	RCLD	
	126	ST÷4	
	127	÷	
	128	STO1	
	129	ST÷4	
	130	Pi	
	131	÷	
	132	2	
	133	÷	
	134	STOE	
	135	PRTX	⇒ f_0
	136	1/X	
	137	PRTX	⇒ T_0
	138	2	
	139	÷	
	140	STO8	
	141	RCL2	
	142	RCL1	
	143	×	
	144	TAN^{-1}	
	145	STO3	
	146	3	
	147	GSB0	
	148	9	
	149	0	
	150	STOi	
	151	*LBLc	
	152	GSB3	
	153	SIN	
	154	RCL4	
	155	×	
	156	RCL0	
	157	×	
	158	RCLi	
	159	D→R	
	160	RCL1	
	161	÷	
	162	GSB2	
	163	STO6	
	164	×	
	165	CHS	
	166	PRTX	⇒ u_{cf}
	167	RCL4	
	168	RCL0	
	169	√X	
	170	×	
	171	RCL6	
	172	×	
	173	RCLi	
	174	RCL3	
	175	-	
	176	SIN	
	177	×	
	178	CHS	
	179	PRTX	⇒ i_f
	180	SPC	
	181	RCL3	
	182	F2?	
	183	GTO1	
	184	ST+i	
	185	SF2	
	186	GTOc	
	187	*LBL1	
	188	ST-i	
	189	1	
	190	8	
	191	0	
	192	ST+i	
	193	GTOc	
UP	194	*LBL0	
	195	EEX	
	196	1	
	197	0	
	198	ENT↑	
	199	9	
	200	÷	
	201	×	
	202	SPC	111...
	203	PRTX	222...
	204	SPC	333...
	205	RTN	
UP	206	*LBL2	
	207	RCL2	
	208	÷	
	209	CHS	
	210	e^x	
	211	RTN	
UP	212	*LBL3	
	213	RCLi	
	214	PSE	⇐ t
	215	PRTX	⇒ t
	216	STOi	
	217	RTN	
UP	218	*LBL4	
	219	PRTX	⇒ i_f
	220	SPC	
	221	RCL8	
	222	ST+i	
	223	RCLi	
	224	RTN	

2.3.7 Programmbeschreibung „Freie Schwingung L"

Das Programm dient zur Beschreibung der freien Schwingung in einem RLC-Reihenschwingkreis mit einem endlichen Strom als Anfangsbedingung (erregter magnetischer Energiespeicher) und energielosem Anfangszustand des Kondensators. Das in Tabelle 2.3.2 angegebene Programm umfaßt 224 Programmzeilen. Vor dem Programmstart über die Startadresse Label A sind folgende Eingaben erforderlich:

Anfangsstrom der Induktivität	I_0 in A ⇒ STO A
Widerstand des Reihenschwingkreises	R in Ω ⇒ STO B
Kapazität des Reihenschwingkreises	C in F ⇒ STO C
Induktivität des Reihenschwingkreises	L in H ⇒ STO D

Der prinzipielle Aufbau des Programms entspricht demjenigen nach Tabelle 2.3.1 für den aufgeladenen kapazitiven Energiespeicher als Anfangsbedingung. Die zyklische Berechnung der Kondensatorspannung u_{Cf} und des Kreisstromes i_f wird nach den Gln. (2.3.30 bis 2.3.35) durchgeführt. Ein zusätzliches Unterprogramm Label 4 dient zur Ausgabe des Stromes für die beiden aperiodischen Lösungsvarianten.

2.3.8 Anwendungsbeispiel

Berechnung der freien Schwingung nach Kurzschlußabschaltung einer Hochspannungsleitung. Eine 110-kV-Leitung werde in 50 km Entfernung von einer Kurzschlußstelle durch einen Leistungsschalter abgeschaltet. Der Lichtbogen erlischt bei einem Reststrom von 10 A. Es soll der zeitliche Verlauf der Spannung an der Abschaltstelle anhand einer π-Ersatzschaltung in Abhängigkeit von der Zeit berechnet werden.

Leitungsdaten: $R' = 0{,}2\ \Omega/\text{km}$ $\quad X'_C = 300\ \text{k}\Omega \cdot \text{km}$

$X'_L = 0{,}4\ \Omega/\text{km}$ $\quad l = 50\ \text{km}$

Der Kurzschlußwiderstand an der Fehlerstelle sei 90Ω.
Der Ersatzschaltplan ist in Bild 2.3.4 dargestellt.

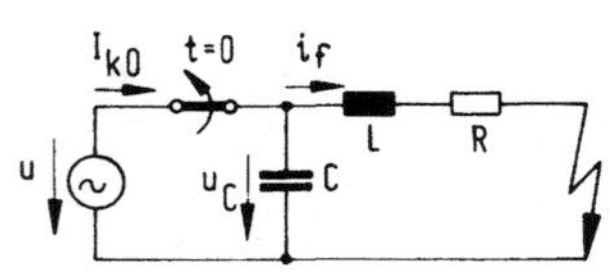

$$R = l \cdot R' + R_k = 100\ \Omega$$

$$L = \frac{l \cdot X'_L}{\omega} = 63{,}7\ \text{mH}$$

$$C = \frac{1}{2}\frac{l}{\omega X'_C} = 0{,}265\ \mu\text{F}$$

Bild 2.3.4
Ersatzschaltplan der Leitung mit Kurzschluß am Leitungsende

Eingaben:	10	STO A	(Anfangsstrom i_{f0})
	100	STO B	(Widerstand R)
	0,267 EEX − 6	STO C	(Kapazität C)
	63,7 EEX − 3	STO D	(Induktivität L)

Start [A]:

Ergebnisse: Zeitkonstante T = 1,274 ms
Frequenz der freien Schwingung f_0 = 1218,59 Hz
Periodendauer der freien Schwingung T_0 = 0,82 ms

Merkmal für die Lösungsvariante einer gedämpft periodischen Schwingung: 3333333333

$\omega t = 90{,}00°$
$u_{Cf} = -4195{,}48$ V
$i_f = -0{,}87$ A

$\omega t = 174{,}15°$
$u_{Cf} = -368{,}06$ V
$i_f = -7{,}36$ A

$\omega t = 270{,}00°$
$u_{Cf} = 3040{,}26$ V
$i_f = 0{,}63$ A

$\omega t = 354{,}15°$
$u_{Cf} = 266{,}71$ V
$i_f = 5{,}33$ A

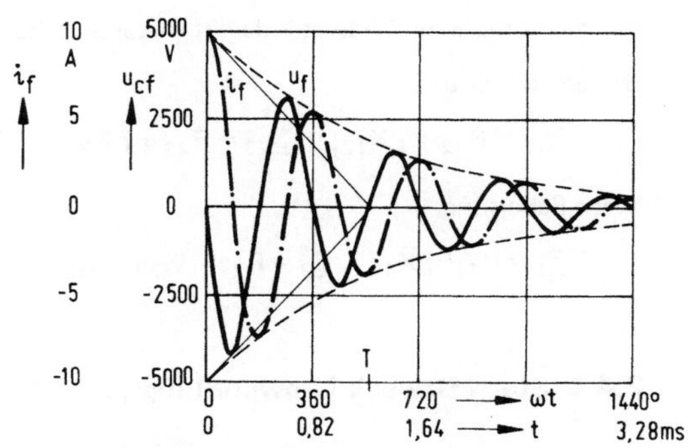

Bild 2.3.5 Freie Schwingung beim erregten magnetischen Energiespeicher für den Fall einer periodisch gedämpften Schwingung

In Bild 2.3.5 sind die freien Schwingungen der Kondensatorspannung u_{Cf} und des Kreisstromes i_f in Abhängigkeit von der Zeit aufgetragen.
Das Isoliervermögen der beiden Schalterpole muß der Überlagerungsspannung aus der anliegenden 50-Hz-Wechselspannung und der Kondensatorspannung u_{Cf} mit einer Frequenz von ca. 1,2 kHz standhalten. Die Amplitude der Kondensatorspannung ist entscheidend abhängig von der ausgeblasenen Stromamplitude während der Kurzschlußstromabschaltung und Lichtbogenlöschung im Schalter $\left(u_{Cfmax} = i_{fmax} \sqrt{\frac{L}{C}}\right)$. Der ohmsche Widerstand an der Kurzschlußstelle beeinflußt über die Abklingzeitkonstante der hochfrequenten Überlagerungsspannung nur indirekt deren Amplitude und damit die Spannungsbeanspruchung des Schalters. Bild 2.3.6 zeigt den Verlauf für den aperiodischen Grenzfall bei

$R = 2\sqrt{\frac{L}{C}} = 980{,}57\,\Omega$.

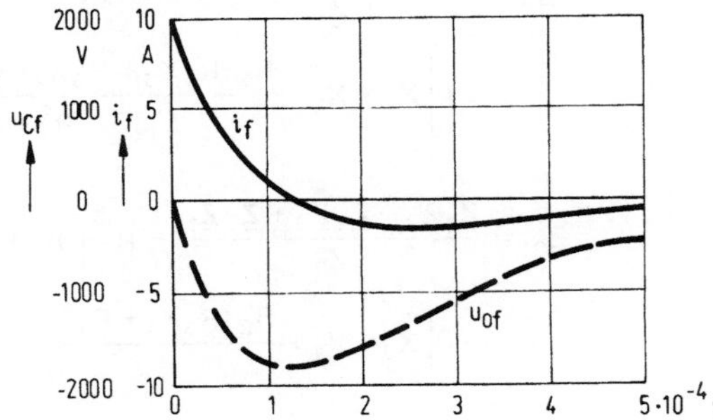

Bild 2.3.6

Freie Schwingung beim erregten magnetischen Energiespeicher für den aperiodischen Grenzfall mit $R = 2\sqrt{\frac{L}{C}}$

2.4 Netzwerk-Umwandlung

Eine grundlegende Aufgabe bei Netzwerk-Umwandlungen ist die Umwandlung von Dreieck-Schaltungen in äquivalente Stern-Schaltungen und die Umwandlung von Stern-Schaltungen in äquivalente Dreieck-Schaltungen (Bild 2.4.1). Die Lösung der Umwandlungsgleichungen erfordert bei komplexen Widerständen einen erheblichen rechentechnischen Aufwand, so daß ein programmierter Umwandlungsalgorithmus eine wesentliche Hilfe erbringt [10].

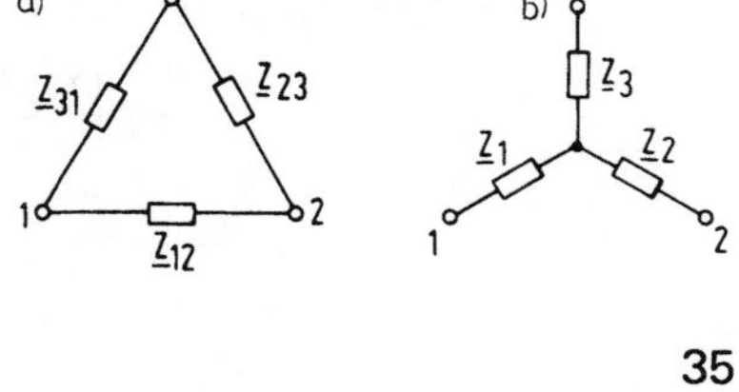

Bild 2.4.1

Bezeichnungen zur Netzwerkumwandlung
a) Dreieck-Schaltung b) Stern-Schaltung

Für die komplexen Widerstände gilt in kartesischer Koordinatenschreibweise:

Dreieck-Schaltung:

$$\underline{Z}_{12} = R_{12} + j\,X_{12};\quad \underline{Z}_{23} = R_{23} + j\,X_{23};\quad \underline{Z}_{31} = R_{31} + j\,X_{31} \tag{2.4.1a, b, c}$$

Stern-Schaltung:

$$\underline{Z}_{1} = R_{1} + j\,X_{1};\quad \underline{Z}_{2} = R_{2} + j\,X_{2};\quad \underline{Z}_{3} = R_{3} + j\,X_{3} \tag{2.4.2a, b, c}$$

2.4.1 Stern-Dreieck-Umwandlung (⅄ ⇒ Δ-Umwandlung)

Die Impedanzen einer Dreieckschaltung ergeben sich aus den Stern-Impedanzen zu:

$$\underline{Z}_{12} = \frac{\underline{Z}_1\underline{Z}_2 + \underline{Z}_2\underline{Z}_3 + \underline{Z}_3\underline{Z}_1}{\underline{Z}_3} = R_1 + R_2 + \frac{R_3(R_1R_2 - X_1X_2) + X_3(R_1X_2 + R_2X_1)}{R_3^2 + X_3^2} + j\left[X_1 + X_2 + \frac{R_3(R_1X_2 + R_2X_1) - X_3(R_1R_2 - X_1X_2)}{R_3^2 + X_3^2}\right]. \tag{2.4.3a}$$

$$\underline{Z}_{23} = \frac{\underline{Z}_1\underline{Z}_2 + \underline{Z}_2\underline{Z}_3 + \underline{Z}_3\underline{Z}_1}{\underline{Z}_1} = R_2 + R_3 + \frac{R_1(R_2R_3 - X_2X_3) + X_1(R_2X_3 + R_3X_2)}{R_1^2 + X_1^2} + j\left[X_2 + X_3 + \frac{R_1(R_2X_3 + R_3X_2) - X_1(R_2R_3 - X_2X_3)}{R_1^2 + X_1^2}\right]. \tag{2.4.3b}$$

$$\underline{Z}_{31} = \frac{\underline{Z}_1\underline{Z}_2 + \underline{Z}_2\underline{Z}_3 + \underline{Z}_3\underline{Z}_1}{\underline{Z}_2} = R_3 + R_1 + \frac{R_2(R_3R_1 - X_3X_1) + X_2(R_3X_1 + R_1X_3)}{R_2^2 + X_2^2} + j\left[X_3 + X_1 + \frac{R_2(R_3X_1 + R_1X_3) - X_2(R_3R_1 - X_3X_1)}{R_2^2 + X_2^2}\right]. \tag{2.4.3c}$$

2.4.2 Dreieck-Stern-Umwandlung (Δ ⇒ ⅄-Umwandlung)

Die Impedanzen einer Sternschaltung ergeben sich aus den Dreieck-Impedanzen zu:

$$\underline{Z}_1 = \frac{\underline{Z}_{12}\cdot\underline{Z}_{31}}{\underline{Z}_{12} + \underline{Z}_{23} + \underline{Z}_{31}} = \frac{(R_{31}R_{12} - X_{31}X_{12})\,R + (X_{31}R_{12} + R_{31}X_{12})\,X}{R^2 + X^2} + j\,\frac{(X_{31}R_{12} + R_{31}X_{12})\,R - (R_{31}R_{12} - X_{31}X_{12})\,X}{R^2 + X^2} \tag{2.4.4a}$$

$$\underline{Z}_2 = \frac{\underline{Z}_{23}\cdot\underline{Z}_{12}}{\underline{Z}_{12} + \underline{Z}_{23} + \underline{Z}_{31}} = \frac{(R_{12}R_{23} - X_{12}X_{22})\,R + (X_{12}R_{23} + R_{12}X_{23})\,X}{R^2 + X^2} + j\,\frac{(X_{12}R_{23} + R_{12}X_{23})\,R - (R_{12}R_{23} - X_{12}X_{23})\,X}{R^2 + X^2} \tag{2.4.4b}$$

$$\underline{Z}_3 = \frac{\underline{Z}_{31} \cdot \underline{Z}_{23}}{\underline{Z}_{12} + \underline{Z}_{23} + \underline{Z}_{31}} = \frac{(R_{23}R_{31} - X_{23}X_{31})\,R + (X_{23}R_{31} + R_{23}X_{31})\,X}{R^2 + X^2} + j\,\frac{(X_{23}R_{31} + R_{23}X_{31})\,R - (R_{23}R_{31} - X_{23}X_{31})\,X}{R^2 + X^2} \qquad (2.4.4c)$$

$$R = R_{12} + R_{23} + R_{31} \quad \text{und} \quad X = X_{12} + X_{23} + X_{31} \qquad (2.4.5a, b)$$

2.4.3 Programmbeschreibung „Netzwerkumwandlung"

a) ⅄ -, Δ-Umwandlung

Das in Tabelle 2.4.1 angegebene Programm beginnt mit der Startadresse Label A für die Stern-Dreieck-Umwandlung in Programmzeile 001. Mit der folgenden Anweisung GSB 2 wird ein Unterprogramm zur Berechnung des Produktes $\underline{Z}_1 \cdot \underline{Z}_2$ aufgerufen. Die eigentliche Produktbildung wird in einem weiteren Unterprogramm mit der Einsprungadresse Label c vorgenommen. Da dieses Unterprogramm auch zur Addition komplexer Größen mitbenutzt wird, ist eine Flag 2-Abfrage eingebaut, durch die bei Einstieg über Label c die in Zeile 124 vorgenommene Addition mit den Anweisungen in den Zeilen 127 bis 129 wieder rückgängig gemacht wird. Nach Ausführung der Anweisung LAST X in Zeile 129 entspricht die Konfiguration im Stack-Register wieder dem Stand, nach dem die Anweisung in Zeile 123 ausgeführt war. Das Flag 2 darf daher nicht vom Tastenfeld aus gesetzt werden.

Das in Polarkoordinaten übergebene Ergebnis wird in kartesische Koordinaten umgewandelt und der Realteil in STO 7, der Imaginärteil in STO 8 abgespeichert. Mit den folgenden Anweisungen 007 bis 016 werden auf entsprechende Weise die Produkte $\underline{Z}_2 \cdot \underline{Z}_3$ und $\underline{Z}_3 \cdot \underline{Z}_1$ gebildet und jeweils den Inhalten von STO 7, STO 8 aufaddiert. In diesen Speichern steht damit der Zähler aus den Gln. (2.4.3a bis c) zur Verfügung. In den Zeilen 017, 018 wird die indirekte Adressierung für die Auswertungen der Gln. (2.4.3a bis c) im Unterprogramm Label 4 vorbereitet. Beim ersten Aufruf dieses Unterprogramms wird durch die Anweisung in den Zeilen 107 und 109 die Impedanz $\underline{Z}_3$ als Imaginärteil in das Y-Register und als Realteil in das X-Register geladen. Nach Umwandlung in Polarkoordinaten wird das Unterprogramm Label d aufgerufen, um die Division gemäß Gl. (2.4.3a) durchzuführen.

Das Ergebnis, also die Dreieckimpedanz $\underline{Z}_{12}$, wird mit Real- und Imaginärteil in den Sekundärspeicher STO 1' und STO 2' abgespeichert.

Ab der Programmzeile 026 wird in entsprechender Weise für die Berechnung der Dreieckimpedanzen $\underline{Z}_{23}$ und $\underline{Z}_{31}$ verfahren. Das logische Programmende ist mit der R/S-Anweisung in Zeile 041 erreicht. Die gesuchten Dreieckimpedanzen stehen dann in dem aktiven Speicherbereich von STO 1 bis STO 6 jeweils als Real- und Imaginärteil bereit. Die Eingabeimpedanzen stehen nun unverändert im Sekundärbereich zur Verfügung.

b) Δ-, ⅄-Umwandlung

Das Dreieck-Stern-Umwandlungsprogramm beginnt mit der Startadresse Label B in Programmzeile 042. Mit den Anweisungen in den Zeilen 043 bis 054 wird durch zweimaligen Aufruf des Unterprogramms Label a die Summe aller Dreieckimpedanzen für die Nenner der Gln. (2.4.4a bis c) gebildet und nach Umwandlung in Polarkoordinaten als Betrag in STO 7 und Phasenwinkel in STO 8 abgespeichert. Nach dem Einsprung in das Unterprogramm bei Label a wird in Zeile 120 das Flag 2 gesetzt. Hierdurch ist es möglich, einen Teil des Unterprogramms c mit zu benutzen.

Tabelle 2.4.1 Anweisungsliste „Netzwerkumwandlung"

```
λ→Δ      001  *LBLA
         002  GSB2
         003  →R
         004  STO7
         005  X⇄Y
         006  STO8
         007  GSB3
         008  →R
         009  ST+7
         010  X⇄Y
         011  ST+8
         012  GSB1
         013  →R
         014  ST+7
         015  X⇄Y
         016  ST+8
         017  6
         018  STOI
         019  GSB4
         020  →R
         021  P⇄S
         022  STO1
         023  X⇄Y
         024  STO2
         025  P⇄S
         026  DSZI
         027  GSB4
         028  →R
         029  P⇄S
         030  STO5
         031  X⇄Y
         032  STO6
         033  P⇄S
         034  DSZI
         035  GSB4
         036  →R
         037  P⇄S
         038  STO3
         039  X⇄Y
         040  STO4
         041  R/S
Δ→λ      042  *LBLB
         043  RCL2
         044  RCL1
         045  RCL4
         046  RCL3
         047  GSBa
         048  RCL6
         049  RCL5
         050  GSBa
         051  →P
         052  STO7
         053  X⇄Y
         054  STO8
         055  GSB1
         056  GSB5
         057  P⇄S
         058  STO1
         059  X⇄Y
         060  STO2
         061  P⇄S
         062  GSB2
         063  GSB5
         064  P⇄S
         065  STO3
         066  X⇄Y
         067  STO4
         068  P⇄S
         069  GSB3
         070  GSB5
         071  P⇄S
         072  STO5
         073  X⇄Y
         074  STO6
         075  R/S
UP       076  *LBL1
         077  RCL6
         078  RCL5
         079  →P
         080  RCL2
         081  RCL1
         082  →P
         083  GSBc
         084  RTN
UP       085  *LBL2
         086  RCL2
         087  RCL1
         088  →P
         089  RCL4
         090  RCL3
         091  →P
         092  GSBc
UP       093  RTN
         094  *LBL3
         095  RCL4
         096  RCL3
         097  →P
         098  RCL6
         099  RCL5
         100  →P
         101  GSBc
         102  RTN
UP       103  *LBL4
         104  RCL8
         105  RCL7
         106  →P
         107  RCLi
         108  DSZI
         109  RCLi
         110  →P
         111  GSBd
         112  RTN
UP       113  *LBL5
         114  RCL8
         115  RCL7
         116  GSBd
         117  →R
         118  RTN
𝔄+𝔅      119  *LBLa
         120  SF2
𝔄×𝔅      121  *LBLc
         122  X⇄Y
         123  R↓
         124  +
         125  F2?
         126  GTO0
         127  LSTX
         128  -
         129  LSTX
         130  ×
         131  *LBL0
         132  R↓
         133  +
         134  R↑
         135  RTN
𝔄÷𝔅      136  *LBLd
         137  X⇄Y
         138  R↓
         139  ÷
         140  R↓
         141  X⇄Y
         142  -
         143  R↑
         144  RTN
Ausgabe  145  *LBLC
         146  CF0
         147  1
         148  STOI
         149  *LBL6
         150  RCLI
         151  PSE   ⇒ i
         152  RCLi
         153  PRTX  ⇒ 3_i
         154  ISZI
         155  F0?
         156  GTO8
         157  SF0
         158  GTO9
         159  *LBL8
         160  SPC
         161  CF0
         162  *LBL9
         163  RCLI
         164  7
         165  X≠Y?
         166  GTO6
```

Nach der Flag-Abfrage in Zeile 125 wird dies automatisch zurückgesetzt. Mit den Unterprogramm-Aufrufen GSB 1 und GSB 5 in den Programmzeilen 055, 056; 062, 063; 069, 070 werden die Sternimpedanzen gemäß den Gln. (2.4.4a bis c) berechnet.
Die Ergebnisse werden nach Austausch der Primär-Sekundär-Speicher wieder sinngemäß in STO 1 bis STO 6 abgespeichert. Das logische Programmende ist mit der R/S-Anweisung in Zeile 075 erreicht. Da die beiden Umwandlungsprogramme die Ergebnisse jeweils in dem gegenüber der Startkonstellation sekundären Speicherbereich ablegen und mit diesem aktuellen Zustand enden, kann eine Rückverwandlung des Systems unmittelbar durch Betätigung der entsprechenden Starttaste angeschlossen werden. Damit ist gleichzeitig ein einfacher Test der Umwandlungsgenauigkeit möglich.
Das Umwandlungsprogramm benötigt insgesamt 144 Programmzeilen. Zur Anzeige oder Ausgabe der Ergebnisse kann ein zusätzliches Hilfsprogramm über die Startadresse Label C aufgerufen werden. Mit diesem Programm von Programmzeile 145 bis 166 werden die sechs Speicher STO 1 bis STO 6 paarweise, durch eine Leerzeile getrennt, ausgedruckt bzw. jeweils im Anschluß an die kurz angezeigte Speichernummer angezeigt.
Falls das Hilfsprogramm generell zur Ausgabe der Ergebnisse herangezogen werden soll, ist es zweckmäßig, die beiden R/S-Anweisungen in den Zeilen 041 und 075 durch eine Sprunganweisung GTO C zu ersetzen.

2.4.4 Test- und Anwendungsbeispiele

a) Eine Sternschaltung mit den komplexen Widerständen $\underline{Z}_1$, $\underline{Z}_2$ und $\underline{Z}_3$ soll in eine äquivalente Dreieckschaltung umgewandelt werden.

Zahlenwerte $\underline{Z}_1 = (10 + j20)\ \Omega$
$\underline{Z}_2 = (40 - j50)\ \Omega$
$\underline{Z}_3 = (20 + j10)\ \Omega$

Eingaben:

10	STO 1	$\text{Re}\{\underline{Z}_1\}$
20	STO 2	$\text{Im}\{\underline{Z}_1\}$
40	STO 3	$\text{Re}\{\underline{Z}_2\}$
−50	STO 4	$\text{Im}\{\underline{Z}_2\}$
20	STO 5	$\text{Re}\{\underline{Z}_3\}$
10	STO 6	$\text{Im}\{\underline{Z}_3\}$

Start [A]:

Nach dem Programmstop können die errechneten Dreieckimpedanzen aus den nun aktivierten Sekundärspeichern STO 1′ bis STO 6′ einzeln oder mit Start [C] automatisch abgerufen werden:

RCL 1:	$112{,}00\ \Omega = \text{Re}\{\underline{Z}_{12}\}$
RCL 2:	$-\ 46{,}00\ \Omega = \text{Im}\{\underline{Z}_{12}\}$
RCL 3:	$62{,}00\ \Omega = \text{Re}\{\underline{Z}_{23}\}$
RCL 4:	$-\ 104{,}00\ \Omega = \text{Im}\{\underline{Z}_{23}\}$
RCL 5:	$23{,}90\ \Omega = \text{Re}\{\underline{Z}_{31}\}$
RCL 6:	$34{,}88\ \Omega = \text{Im}\{\underline{Z}_{31}\}$

Die Rechenzeit für die Umwandlung beträgt rd. 30 Sekunden. Für die Rückverwandlung der Dreieckschaltung in eine äquivalente Sternschaltung kann unmittelbar durch Betätigung der Starttaste B erfolgen. Danach stehen die errechneten Sternimpedanzen in den Speichern STO 1 bis STO 6 zur Verfügung.

b) Eine Dreieckschaltung mit den komplexen Widerständen $\underline{Z}_{12}$, $\underline{Z}_{23}$, $\underline{Z}_{31}$ soll in eine äquivalente Sternschaltung umgewandelt werden:

Zahlenwerte	$\underline{Z}_{12} = 100\ \Omega$	Eingaben:	100	STO 1	Re $\{\underline{Z}_{12}\}$
	$\underline{Z}_{23} = j50\ \Omega$		0	STO 2	Im $\{\underline{Z}_{12}\}$
	$\underline{Z}_{31} = -j50\ \Omega$		0	STO 3	Re $\{\underline{Z}_{23}\}$
			50	STO 4	Im $\{\underline{Z}_{23}\}$
			0	STO 5	Re $\{\underline{Z}_{31}\}$
			−50	STO 6	Im $\{\underline{Z}_{31}\}$

Start [B]:

Nach dem Programmstop können die errechneten Stern-Impedanzen aus den nun aktivierten Sekundärspeichern STO 1' bis STO 6' einzeln oder mit Start [C] automatisch abgerufen werden:

Start [C]:

$\underline{Z}_1 = (0 - j50)\ \Omega$
$\underline{Z}_2 = (0 + j50)\ \Omega$
$\underline{Z}_3 = (25 + j0)\ \Omega$

Rechenzeit rd. 15 Sekunden

2.5 Harmonische Analyse

2.5.1 Numerische Berechnung der Fourier-Koeffizienten

Das theoretische Rüstzeug zur numerischen Berechnung der numerischen Fourier-Koeffizienten ist in Band 1 dieser Reihe dargestellt. Bei der hier angegebenen Programmvariante werden vier Symmetrieeigenschaften berücksichtigt und zusätzlich eine Effektivwert- und Klirrfaktorberechnung durchgeführt [11]. Bezüglich der Symmetrieeigenschaften werden folgende Unterscheidungen mit Hilfe einer in STO A abgespeicherten Kennzahl 0, 1, 2, 3 oder 4 getroffen:

{STO A} =
- 0 keine Symmetrie, Stützpunktintervall 2π, $n \leqq 16$
- 1 ungerade Symmetrie, d.h. $f(x) = -f(-x)$, Stützpunktintervall π, $n \leqq 17$
- 2 gerade Symmetrie, d.h. $f(x) = f(-x)$, Stützpunktintervall π, $n \leqq 17$
- 3 alternierend, d.h. $f(x) = -f(x-\pi)$, Stützpunktintervall π, $n \leqq 17$
- 4 um π versetzte Symmetrie, d.h. $f(x) = f(x-\pi)$, Stützpunktintervall π, $n \leqq 17$

Im Gegensatz zu dem in Band 1 angegebenen Programm werden hier für alternierende Funktionen nur die wirklich vorhandenen ungeraden Koeffizienten und für um π-versetzte Funktionen nur die wirklich vorhandenen geraden Koeffizienten berechnet und ausgegeben. Die Zahl der Stützwerte wird in STO B eingegeben. Es können je nach Symmetriebedingung maximal 16 oder 17 Stützwerte verarbeitet werden. Damit ergibt sich bei dem Stützpunktintervall 2π (0 in STO A) mit maximal 16 Stützwerten ein minimaler Stützpunktabstand von 22,5° und bei dem Intervall π (1 bis 4 in STO A) mit maximal 17 Stützwerten ein minimaler Stützpunktabstand von 11,25°.
Für das Intervall 2π werden die numerischen Koeffizienten A_0 bis maximal A_8 (cos-Glieder) und B_1 bis maximal B_7 (sin-Glieder) berechnet, während für das Intervall π die Koeffizienten A_0 bis maximal A_{15} und B_1 bis maximal B_{15} berechnet werden.

2.5.2 Effektivwert und Klirrfaktorberechnung

Der Effektivwert einer periodischen, nicht-sinusförmigen Funktion u(t) ist gleich der positiven Wurzel aus der Summe der Quadrate aus dem Gleichanteil U_0 und aller Effektivwerte der sinusförmigen Oberschwingungen U_{eff}:

$$U_{eff} = \sqrt{U_0^2 + U_{1\,eff}^2 + U_{2\,eff}^2 + U_{3\,eff}^2 + \ldots} \tag{2.5.1}$$

Mit:

$$U_{k\,eff} = \frac{\hat{u}_k}{\sqrt{2}} \tag{2.5.2}$$

Als Unterscheidungsmaß, inwieweit sich eine periodische, nicht-sinusförmige Funktion u(t) von der Sinusform unterscheidet, verwendet man den Klirrfaktor K. Unter dem Klirrfaktor K versteht man daher das Verhältnis aus dem Effektivwert der Oberschwingungen zu dem Effektivwert der Gesamtschwingung.

$$K = \frac{\sqrt{U_{2\,eff}^2 + U_{3\,eff}^2 + U_{4\,eff}^2 + \ldots}}{\sqrt{U_{1\,eff}^2 + U_{2\,eff}^2 + U_{3\,eff}^2 + U_{4\,eff}^2 + \ldots}} \tag{2.5.3}$$

Bei der Fourier-Analyse fallen als Ergebnis die numerischen Fourier-Koeffizienten A_k für die Amplituden der Cosinusglieder und B_k für die Amplituden der Sinusglieder an. Die Amplitude der Gesamtschwingung C_k mit der Kreisfrequenz $k\omega$ ergibt sich dann als Wurzel aus der Quadratsumme der Einzelamplituden:

$$C_k = \sqrt{A_k^2 + B_k^2} \tag{2.5.4}$$

Mit Gl. (2.5.4) läßt sich für den Effektivwert schreiben:

$$U_{eff} = \sqrt{C_0^2 + C_1^2 + \sum_{k=2}^{n} C_k^2} \tag{2.5.5}$$

$$K = \frac{\sqrt{\sum_{k=2}^{n} C_k^2}}{\sqrt{C_1^2 + \sum_{k=2}^{n} C_k^2}} \tag{2.5.6}$$

In dem Programm „Harmonische Analyse 2" sind für die drei Terme in den Gln. (2.5.5 und 2.5.6) folgende Speicher vorgesehen:

$$\text{STO 17:} \quad \sum_{k=2}^{n} C_k^2 = \sum_{k=2}^{n} (A_k^2 + B_k^2) \tag{2.5.7}$$

$$\text{STO 18:} \quad C_1^2 = A_1^2 + B_1^2 \tag{2.5.8}$$

$$\text{STO 19:} \quad C_0 = A_0 \tag{2.5.9}$$

2.5.3 Programmbeschreibung „Harmonische Analyse 2"

Der Eingabeteil des Programms, siehe Tabelle 2.5.1, wird durch Betätigung der Taste E aufgerufen und führt an den physikalischen Anfang des Programms. In Programmzeile 002 wird das Unterprogramm Label d ab Zeile 211 aufgerufen.
In diesem Unterprogramm wird in Zeile 215 das Flag 1 immer dann gesetzt, wenn der Inhalt von Speicher A ungleich Null ist. Vor dem Rücksprung in das rufende Programm wird bei Berücksichtigung der Symmetriebedingung der Wert 1 in das X-Register übernommen. Ist keine Symmetriebedingung zu berücksichtigen, so wird der Wert 2 übergeben. Anschließend wird die Schrittweite Δx berechnet und in Zeile 009 nach STO C abgespeichert. Mit den Anweisungen 010, 011 wird das Indexregister null gesetzt. Die Eingabeschleife umfaßt die Zeilen 012 bis 024.
Innerhalb der Eingabeschleife wird die jeweilige Koordinate des Stützwertes x_i ausgedruckt und der Index i bei den Eingabeunterbrechungen in Zeile 018 angezeigt.
Nach dem Programmstop in Zeile 018 ist der Index i im X-Register und der Winkel im Y-Register abgespeichert. Mit diesen Werten kann vom Tastenfeld aus gegebenenfalls eine Berechnung der Stützwerte erfolgen. Der Inhalt des X-Registers wird nach Betätigung der R/S-Taste als Stützwert übernommen. Die Eingabeschleife wird verlassen, wenn die in STO B vorgegebene Anzahl der Stützpunkte abgearbeitet wurde. Mit Label C in Zeile 025 beginnt das eigentliche Berechnungsprogramm. Mit den Anweisungen 027 bis 032 werden die Sekundärspeicher STO 7', STO 8' und STO 9' für die Berechnung des Effektivwertes und des Klirrfaktors null gesetzt. Die Flag 1 Abfrage in Zeile 037 wird bei alternierende — oder um π-versetzte Funktionen übersprungen, da bei diesen sowohl A-Koeffizienten wie auch B-Koeffizienten vorhanden sein können. Falls das Flag 1 nicht gesetzt war, d.h. die Stützpunkte sind über dem Intervall 0, 2π verteilt, wird das Flag 2 gesetzt und damit eine Weiche gestellt, um zunächst die A-Koeffizienten und anschließend die B-Koeffizienten zu berechnen.
Ist dagegen das Flag 1 gesetzt, wird in der Zeile 045 durch eine Äquivalenzabfrage festgestellt, ob die vorliegende Funktion als ungerade Funktion oder als gerade Funktion behandelt werden soll. Ist in STO A eine 1 abgespeichert, d.h. die Funktion ist ungerade, erfolgt ein Sprung nach Label B in Zeile 052, so daß nur die B-Koeffizienten berechnet werden. Anderenfalls werden nur die A-Koeffizienten berechnet. In beiden Fällen wird das Programm in Zeile 173 mit der Berechnung des Effektivwertes und des Klirrfaktors fortgesetzt.
Mit den Anweisungen 3, GSB 4 in den Zeilen 048 und 049 bzw. 4, GSB 4 in den Zeilen 053 und 054 werden die in STO E abzuspeichernden Ordnungszahlen der Anfangskoeffizienten ermittelt:

Bei $\{STO\ A\} = 0, 1, 2$ und 4 beginnen die A-Koeffizienten mit A_0, bei STO A = 3 dagegen mit A_1.
Die B-Koeffizienten beginnen bei $\{STO\ A\} = 0, 1, 2$ und 3 mit B_1 und bei STO A = 4 mit B_2.

Die Berechnung der Fourier-Koeffizienten beginnt mit dem Sprung nach Label a in Zeile 062. Hier werden zunächst das Indexregister und der als Summierspeicher vorgesehene Speicher D null gesetzt. Die Summierschleife erstreckt sich von Programmzeile 067 mit Label b bis zu der Rücksprunganweisung GTO b in Zeile 109. Innerhalb dieser Schleife ist mit den Anweisungen in den Zeilen 082 bis 101 die Korrektur des ersten und letzten Summanden für die Analyse symmetrischer Funktionen in dem Intervall $[0, \pi]$ eingebaut. Die Multiplikation mit einer Sinus- oder Cosinusfunktion des Abszissenwertes wird über die Flag 0-Abfrage in Zeile 073 gesteuert. Jeder berechnete Koeffizient wird durch die Anweisungen in den Zeilen 110 bis 115 dahingehend überprüft, ob sein Betrag größer als die gesetzte Schranke $\epsilon = 10^{-5}$ ist. Falls dies nicht der Fall ist, werden die Anweisungen für die Ausgabe bis Label 0 in Zeile 154 übersprungen und die Ordnungszahl zur Berechnung des folgenden Koeffizienten gebildet.

Tabelle 2.5.1 Anweisungsliste „Harmonische Analyse 2"

```
Start 1  001  *LBLE
         002  GSBd
         003  1
         004  8
         005  0
         006  x
         007  GSB3
         008  ÷
         009  STOC
         010  0
         011  STOI
         012  *LBLc
         013  RCLC
         014  RCLI
         015  x
         016  PRTX
         017  LSTX
         018  R/S
         019  STOi
         020  ISZI
         021  RCLI
         022  RCLB
         023  X>Y?
         024  GTOc
Start 2  025  *LBLC
         026  SPC
         027  0
         028  P⇄S
         029  STO7
         030  STO8
         031  STO9
         032  P⇄S
         033  RCLA
         034  3
         035  X≤Y?
         036  GTO1
         037  F1?
         038  GTO0
         039  *LBL1
         040  SF2
         041  GTOA
         042  *LBL0
         043  RCLA
         044  1
         045  X=Y?
         046  GTOB
         047  *LBLA
         048  3
         049  GSB4
         050  SF0
         051  GTOa
         052  *LBLB
         053  4
         054  GSB4
         055  1
         056  RCLE
         057  +
         058  STOE
         059  CF0
         060  SPC
         061  SPC
         062  *LBLa
         063  0
         064  STOI
         065  STOD
         066  GSBd
         067  *LBLb
         068  RCLI
         069  RCLC
         070  x
         071  RCLE
         072  x
         073  F0?
         074  GTO1
         075  SIN
         076  GTO2
         077  *LBL1
         078  COS
         079  *LBL2
         080  RCLi
         081  x
         082  RCLA
         083  X=0?
         084  GTO1
         085  R↓
         086  RCLI
         087  X=0?
         088  GTO0
         089  RCLB
         090  1
         091  -
         092  -
         093  X≠0?
         094  GTO1
         095  *LBL0
         096  R↓
         097  2
         098  ÷
         099  ENT↑
         100  *LBL1
         101  R↓
         102  RCLD
         103  +
         104  STOD
         105  ISZI
         106  RCLI
         107  RCLB
         108  X>Y?
         109  GTOb
         110  RCLD
         111  ABS
         112  EEX
         113  5
         114  CHS
         115  X>Y?
         116  GTO0
         117  2
         118  3
         119  STOI
         120  GSB3
         121  ST÷i
         122  GSBd
         123  ÷
         124  RCLE
         125  X=Y?
         126  GTO1
         127  X=0?
         128  GTO1
         129  2
         130  ST×i
         131  *LBL1
         132  DSP0
         133  RCLE
         134  PRTX  ⇒ i
         135  RCLD
         136  DSP3
         137  PRTX  ⇒ Ai, Bi
         138  ST×i
         139  1
         140  9
         141  STOI
         142  RCLE
         143  X=0?
         144  GTO1
         145  DSZI
         146  1
         147  X=Y?
         148  GTO1
         149  DSZI
         150  *LBL1
         151  RCLD
         152  ST+i
         153  SPC
         154  *LBL0
         155  2
         156  4
         157  STOI
         158  ISZi
         159  2
         160  RCLA
         161  X>Y?
         162  ISZi
         163  RCLi
         164  1
         165  -
         166  GSB3
         167  GSBa
         168  ÷
         169  X>Y?
         170  GTOa
         171  F2?
         172  GTOB
         173  P⇄S
         174  RCL7
         175  RCL8
         176  +
         177  2
         178  ÷
         179  RCL9
         180  +
         181  √X
         182  PRTX  ⇒ C_eff
         183  RCL7
         184  ST+8
         185  RCL8
         186  P⇄S
         187  ÷
         188  √X
         189  PRTX  ⇒ K
         190  R/S
UP       191  *LBL3
         192  RCLB
         193  F1?
         194  GTO0
         195  RTN
         196  *LBL0
         197  1
         198  -
         199  RTN
UP       200  *LBL4
         201  RCLA
         202  X=Y?
         203  GTO1
         204  0
         205  GTO0
         206  *LBL1
         207  1
         208  *LBL0
         209  STOE
         210  RTN
UP       211  *LBLd
         212  CF1
         213  RCLA
         214  X≠0?
         215  SF1
         216  R↓
         217  1
         218  F1?
         219  RTN
         220  R↓
         221  2
         222  RTN
```

Falls der berechnete Koeffizient größer als die gesetzte Schranke von $\epsilon = 10^{-5}$ ist, wird in der Zeile 134 die Ordnungszahl des Koeffizienten ausgegeben. Mit den Anweisungen in den Zeilen 117 bis 131 wird der Koeffizient $\frac{A_n}{2}$ berechnet und die Koeffizienten A_i, B_i mit dem Faktor 2 wertrichtig gebildet. Die berechneten Fourier-Koeffizienten werden mit drei Kommastellen in Zeile 137 ausgedruckt und gegeneinander durch eine Leerzeile abgesetzt. Mit den folgenden Anweisungen von 138 bis 152 werden die Quadrate der berechneten Fourier-Koeffizienten durch indirekte Adressierung den Sekundärspeichern STO 7' bis STO 9' nach Maßgabe der in STO E abgelegten Ordnungszahl zugeordnet.
In den Zeilen 155 bis 157 wird die indirekte Adressierung für den Ordnungszahlenspeicher STO E vorbereitet. Falls eine alternierende – oder um π-versetzte Funktion vorliegt, wird die Ordnungszahl um einen Doppelschritt heraufgesetzt. In Zeile 163 wird die neue Ordnungszahl in das X-Register gerufen. Mit Hilfe nachfolgender Unterprogrammaufrufe GSB 3 und GSB d wird die obere Grenze für die Ordnungszahl festgelegt und in Zeile 169 mit dem um 1 verminderten Inhalt von STO E verglichen. Ist die Grenze noch nicht erreicht, so wird der nächste Berechnungszyklus bei Label a in Zeile 062 begonnen. Anderenfalls werden je nach dem Zustand von Flag 2 die B-Koeffizienten berechnet oder die abschließende Berechnung wird eingeleitet. Hierzu stehen in STO 7' die Summe aller Quadrate der Oberschwingungsamplituden gemäß Gl. (2.5.7), in STO 8' das Quadrat der Grundschwingungsamplitude gemäß Gl. (2.5.8) und in STO 9' das Quadrat des Gleichanteils gemäß Gl. (2.5.9) zur Verfügung. Der Effektivwert nach Gl. (2.5.5) wird in Zeile 182 ausgegeben. Anschließend wird der Klirrfaktor gemäß Gl. (2.5.6) berechnet und in Zeile 189 ausgegeben. Das logische Programmende ist mit Zeile 190 erreicht.
Über die zweite Startadresse Label C in Zeile 025 kann das Programm ohne neue Dateneingabe wiederholt gestartet werden. Dies ist von Vorteil, wenn nur einzelne Stützwerte in den Speichern STO 0 bis STO 16 verändert werden. Vor Ausgabe der Sinus-Koeffizienten B_i wird durch zwei Leerzeilen mit den Anweisungen in den Zeilen 060, 061 eine Trennmarkierung auf dem Druckstreifen erzeugt.

2.5.4 Test- und Anwendungsbeispiele

Am Beispiel einer Sägezahnfunktion mit der Amplitude y = 1 soll im folgenden eine Fourier-Analyse für die fünf möglichen Funktionsarten durchgeführt werden.

1. Sägezahn über dem Intervall 2π gemäß Bild 2.5.1:

Eingaben: 0 STO A
16 STO B

Start [E]:

Nach Anzeige 0 Eingabe y_0 = 0,5, [R/S]

Nach Anzeige 1 Eingabe y_1 = 1/16, [R/S]

Nach Anzeige 2 Eingabe y_2 = 2/16, [R/S]

Nach Anzeige 3 Eingabe y_3 = 3/16, [R/S]

⋮

Nach Anzeige 14 Eingabe y_{14} = 14/16, [R/S]

Nach Anzeige 15 Eingabe y_{15} = 15/16, [R/S]

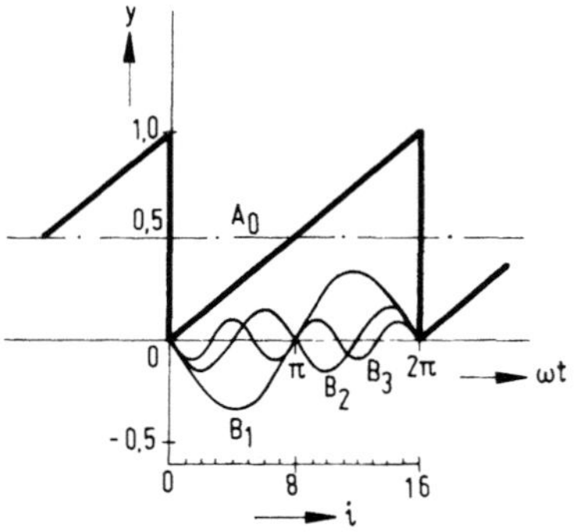

Bild 2.5.1 Im Intervall 2π periodische Funktion {STO A} = 0

Ergebnisse:		exakte Werte der Fourier-Koeffizienten:[1]
Gleichanteil:	$A_0 = 0{,}500$	$a_0 = 0{,}5$
sin-Glieder $B_k \cdot \sin k\omega t$:	$B_1 = -0{,}314$	$b_1 = -\frac{1}{\pi} = -0{,}318$
	$B_2 = -0{,}151$	$b_2 = -\frac{1}{2\pi} = -0{,}159$
	$B_3 = -0{,}094$	$b_3 = -\frac{1}{3\pi} = -0{,}106$
	$B_4 = -0{,}063$	$b_4 = -\frac{1}{4\pi} = -0{,}080$
	$B_5 = -0{,}042$	$b_5 = -\frac{1}{5\pi} = -0{,}064$
	$B_6 = -0{,}026$	$b_6 = -\frac{1}{6\pi} = -0{,}053$
	$B_7 = -0{,}012$	$b_7 = -\frac{1}{7\pi} = -0{,}045$
	$y_{eff} = 0{,}564$	Effektivwert (exakter $1/\sqrt{3} = 0{,}577$)
	$K = 0{,}527$	Klirrfaktor

Rechenzeit rd. 15 Minuten

2. Sägezahn über dem Intervall π als ungerade Funktion gemäß Bild 2.5.2:

Eingaben: 1 STO A
17 STO B

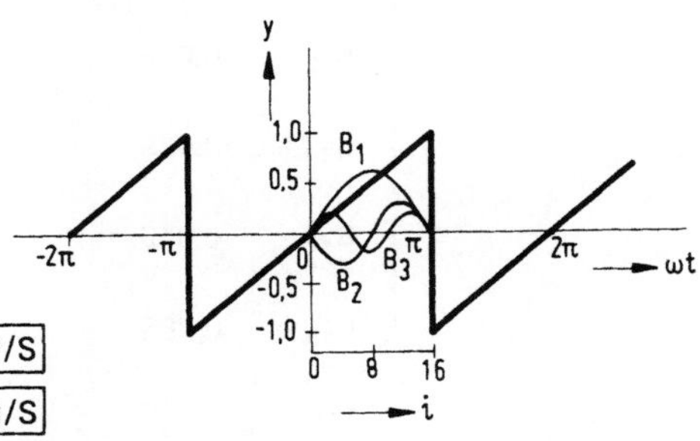

Bild 2.5.2 Ungerade Funktion mit {STO A} = 1
$f(\omega t) = -f(-\omega t)$

Start [E]:

Nach Anzeige 0 Eingabe y_0 = 0, [R/S]
Nach Anzeige 1 Eingabe y_1 = 1/16, [R/S]
Nach Anzeige 2 Eingabe y_2 = 2/16, [R/S]
Nach Anzeige 3 Eingabe y_3 = 3/16, [R/S]
⋮
Nach Anzeige 15 Eingabe y_{15} = 15/16, [R/S]
Nach Anzeige 16 Eingabe y_{16} = 1, [R/S]

[1] Anmerkung: Die numerischen Fourier-Koeffizienten liefern in der Synthese die Stützpunkte exakt wieder. Außerhalb der Stützpunkte treten jedoch Abweichungen zu dem vorgegebenen Kurvenverlauf ein, die um so größer sind, je stärker der Anteil der Oberschwingungen höherer Ordnungszahlen ist (verursacht durch Ecken und Spitzen). Da bei der numerischen Fourieranalyse unterstellt wird, das nur ein begrenztes Spektrum existiert (abhängig von der Zahl der Stützpunkte), ist die Abweichung bei den höheren Harmonischen besonders groß.

Ergebnisse: exakte Werte der Fourier-Koeffizienten:

sin-Glieder $B_k \cdot \sin k\omega t$:

$B_1 = 0{,}635$	$b_1 = \frac{2}{\pi} = 0{,}637$	
$B_2 = -0{,}314$	$b_2 = -\frac{2}{2\pi} = -0{,}318$	
$B_3 = 0{,}206$	$b_3 = \frac{2}{3\pi} = 0{,}212$	
$B_4 = -0{,}151$	$b_4 = -\frac{2}{4\pi} = -0{,}159$	
$B_5 = 0{,}117$	$b_5 = \frac{2}{5\pi} = 0{,}127$	
$B_6 = -0{,}094$	$b_6 = -\frac{2}{6\pi} = -0{,}106$	
$B_7 = 0{,}076$	$b_7 = \frac{2}{7\pi} = 0{,}091$	
$B_8 = -0{,}063$	$b_8 = -\frac{2}{8\pi} = -0{,}080$	
$B_9 = 0{,}051$	$b_9 = \frac{2}{9\pi} = 0{,}071$	
$B_{10} = -0{,}042$	$b_{10} = -\frac{2}{10\pi} = -0{,}064$	
$B_{11} = 0{,}033$	$b_{11} = \frac{2}{11\pi} = 0{,}058$	
$B_{12} = -0{,}026$	$b_{12} = -\frac{2}{12\pi} = -0{,}053$	
$B_{13} = 0{,}019$	$b_{13} = \frac{2}{13\pi} = 0{,}049$	
$B_{14} = -0{,}012$	$b_{14} = -\frac{2}{14\pi} = -0{,}045$	
$B_{15} = 0{,}006$	$b_{15} = \frac{2}{15\pi} = 0{,}042$	
$y_{eff} = 0{,}550$	Effektivwert (exakter Wert $1/\sqrt{3} = 0{,}577$)	
$K = 0{,}579$	Klirrfaktor	

Rechenzeit rd. 15 Minuten

3. Sägezahn über dem Intervall π als gerade Funktion gemäß Bild 2.5.3:

Eingaben: 2 STO A
17 STO B

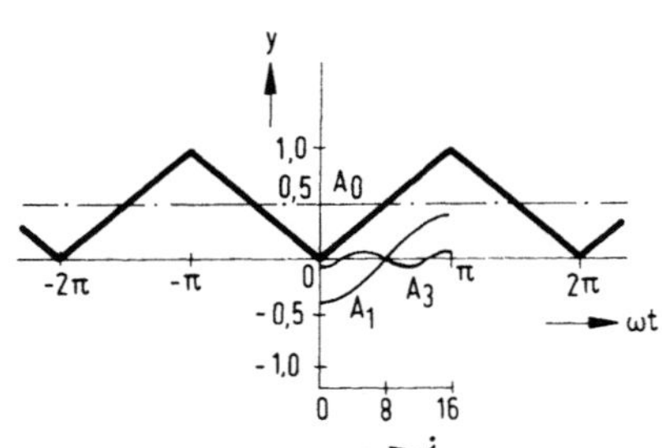

Bild 2.5.3

Gerade Funktion mit {STO A} = 2
f (ωt) = f (− ωt)

Da die gleichen Stützwerte wie beim vorhergehenden Fall 2. gelten, kann das Eingabeprogramm umgangen werden. Die Berechnung der Fourier-Koeffizienten wird dann über Label C gestartet.

Start [C]:

Ergebnisse:		exakte Werte der Fourier-Koeffizienten:
Gleichanteil:	$A_0 = 0{,}5$	$a_0 = 0{,}5$
cos-Glieder $A_k \cdot \cos k\omega t$:	$A_1 = -0{,}407$	$a_1 = -\left(\frac{2}{\pi}\right)^2 = -0{,}405$
	$A_3 = -0{,}046$	$a_3 = -\left(\frac{2}{3\pi}\right)^2 = -0{,}045$
	$A_5 = -0{,}018$	$a_5 = -\left(\frac{2}{5\pi}\right)^2 = -0{,}016$
	$A_7 = -0{,}010$	$a_7 = -\left(\frac{2}{7\pi}\right)^2 = -0{,}008$
	$A_9 = -0{,}007$	$a_9 = -\left(\frac{2}{9\pi}\right)^2 = -0{,}005$
	$A_{11} = -0{,}005$	$a_{11} = -\left(\frac{2}{11\pi}\right)^2 = -0{,}003$
	$A_{13} = -0{,}004$	$a_{13} = -\left(\frac{2}{13\pi}\right)^2 = -0{,}002$
	$A_{15} = -0{,}004$	$a_{15} = -\left(\frac{2}{15\pi}\right)^2 = -0{,}002$
	$y_{eff} = 0{,}578$	Effektivwert (exakter Wert $1/\sqrt{3} = 0{,}577$)
	$K = 0{,}126$	Klirrfaktor

Rechenzeit rd. 15 Minuten

4. Sägezahn über dem Intervall π als alternierende Funktion gemäß Bild 2.5.4:

Eingaben: 3 STO A
17 STO B

Gleiche Stützwerte wie im Fall 2.

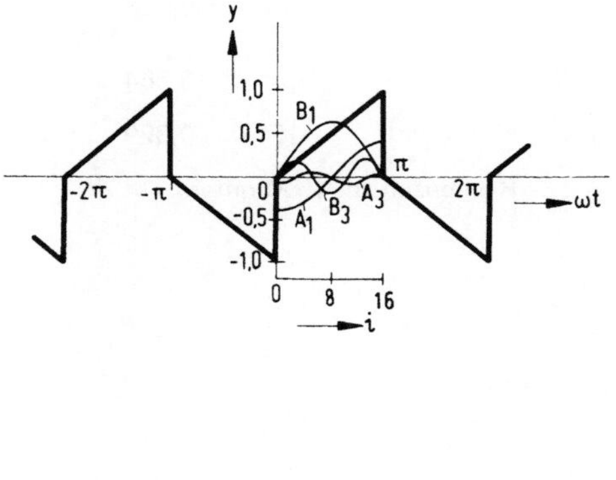

Bild 2.5.4

Alternierende Funktion mit {STO A} = 3
$f(\omega t) = -f(\omega t - \pi)$

Start [C]:

Ergebnisse:		exakte Werte der Fourier-Koeffizienten:
cos-Glieder $A_k \cdot \cos k\omega t$:	$A_1 = -0{,}407$	$a_1 = -\left(\frac{2}{\pi}\right)^2 = -0{,}405$
	$A_3 = -0{,}046$	$a_3 = -\left(\frac{2}{3\pi}\right)^2 = -0{,}045$
	$A_5 = -0{,}018$	$a_5 = -\left(\frac{2}{5\pi}\right)^2 = -0{,}016$
	$A_7 = -0{,}010$	$a_7 = -\left(\frac{2}{7\pi}\right)^2 = -0{,}008$
	$A_9 = -0{,}007$	$a_9 = -\left(\frac{2}{9\pi}\right)^2 = -0{,}005$
	$A_{11} = -0{,}005$	$a_{11} = -\left(\frac{2}{11\pi}\right)^2 = -0{,}003$
	$A_{13} = -0{,}004$	$a_{13} = -\left(\frac{2}{13\pi}\right)^2 = -0{,}002$
	$A_{15} = -0{,}004$	$a_{15} = -\left(\frac{2}{15\pi}\right)^2 = -0{,}002$
sin-Glieder $B_k \cdot \sin k\omega t$:	$B_1 = 0{,}635$	$b_1 = \frac{2}{\pi} = 0{,}637$
	$B_3 = 0{,}206$	$b_3 = \frac{2}{3\pi} = 0{,}212$
	$B_5 = 0{,}117$	$b_5 = \frac{2}{5\pi} = 0{,}127$
	$B_7 = 0{,}076$	$b_7 = \frac{2}{7\pi} = 0{,}091$
	$B_9 = 0{,}051$	$b_9 = \frac{2}{9\pi} = 0{,}071$
	$B_{11} = 0{,}033$	$b_{11} = \frac{2}{11\pi} = 0{,}058$
	$B_{13} = 0{,}019$	$b_{13} = \frac{2}{13\pi} = 0{,}049$
	$B_{15} = 0{,}006$	$b_{15} = \frac{2}{15\pi} = 0{,}042$
	$y_{eff} = 0{,}564$	Effektivwert (exakter Wert $1/\sqrt{3} = 0{,}577$)
	$K = 0{,}329$	Klirrfaktor

Rechenzeit rd. 15 Minuten

5. Sägezahn über dem Intervall π als um π-versetzt symmetrische Funktion gemäß Bild 2.5.5:

Eingaben: 4 STO A
17 STO B

Gleiche Stützwerte wie im Fall 2.

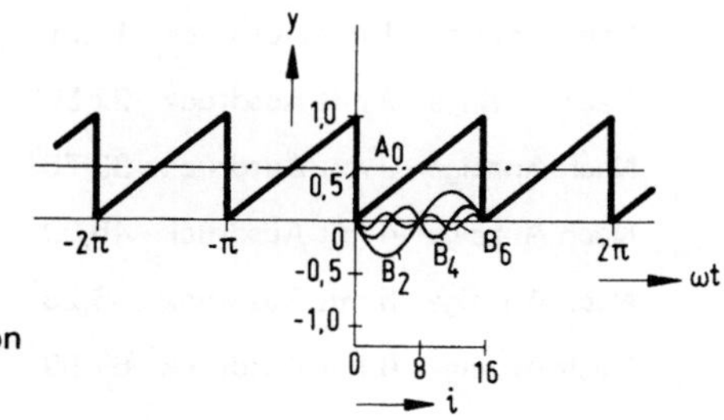

Bild 2.5.5
Um π-versetzt symmetrische Funktion
$\{STO\ A\} = 4, \quad f(\omega t) = f(\omega t - \pi)$

Start [C]:

Ergebnisse:		exakte Werte der Fourier-Koeffizienten
Gleichanteil:	$A_0 = 0{,}500$	$a_0 = 0{,}5$
sin-Glieder $B_k \cdot \sin k\omega t$:	$B_2 = -0{,}314$	$b_2 = -\frac{1}{\pi} = -0{,}318$
	$B_4 = -0{,}151$	$b_4 = -\frac{1}{2\pi} = -0{,}159$
	$B_6 = -0{,}094$	$b_6 = -\frac{1}{3\pi} = -0{,}106$
	$B_8 = -0{,}063$	$b_8 = -\frac{1}{4\pi} = -0{,}080$
	$B_{10} = -0{,}042$	$b_{10} = -\frac{1}{5\pi} = -0{,}064$
	$B_{12} = -0{,}026$	$b_{12} = -\frac{1}{6\pi} = -0{,}053$
	$B_{14} = -0{,}012$	$b_{14} = -\frac{1}{7\pi} = -0{,}045$
	$y_{eff} = 0{,}564$	Effektivwert (exakter Wert $1/\sqrt{3} = 0{,}577$)
	$K = 1{,}000$	Klirrfaktor (keine Grundschwingung)

Rechenzeit rd. 15 Minuten

6. Thyristorsteuergeräte mit Phasenanschnitt und Phasenabschnitt der sinusförmigen Stromkurve haben den Vorteil, daß sie keine Grundschwingungsblindleistung erzeugen [12]. Jedoch können hier die Oberschwingungen höherer Ordnung besonders große Werte gegenüber der Grundschwingungsamplitude annehmen. An einem Beispiel gemäß Bild 2.5.6 soll ein Strom $i = \hat{\imath} \sin \omega t$ mit $\hat{\imath} = 1$ A durch periodischen Phasenabschnitt bei $1/4\pi + k\pi$ und Phasenanschnitt bei $3/4\pi + k\pi$ gesteuert werden. Für 17 Stützwerte soll eine harmonische Analyse durchgeführt werden.

Eingaben: 1 STO A (ungerade Funktion)
17 STO B (Anzahl der Stützwerte)

Start [E]:

Nach Anzeige 0 mit Ausdruck 0°: [R/S]

Nach Anzeige 1 mit Ausdruck 11,25°: [x⇄y] [SIN] [R/S]

Nach Anzeige 2 mit Ausdruck 22,50°: [x⇄y] [SIN] [R/S]

Nach Anzeige 3 mit Ausdruck 33,75°: [x⇄y] [SIN] [R/S]

Nach Anzeige 4 mit Ausdruck 45,00°: [x⇄y] [SIN] [2] [÷] [R/S] (halber Sinuswert)

Nach Anzeige 5 mit Ausdruck 56,25°: [0] [R/S]

Nach Anzeige 6 mit Ausdruck 67,50°: [0] [R/S]

Nach Anzeige 7 mit Ausdruck 78,75°: [0] [R/S]

Nach Anzeige 8 mit Ausdruck 90,00°: [0] [R/S]

Nach Anzeige 9 mit Ausdruck 101,25°: [0] [R/S]

Nach Anzeige 10 mit Ausdruck 112,50°: [0] [R/S]

Nach Anzeige 11 mit Ausdruck 123,75°: [0] [R/S]

Nach Anzeige 12 mit Ausdruck 135,00°: [x⇄y] [SIN] [2] [÷] [R/S] (halber Sinuswert)

Nach Anzeige 13 mit Ausdruck 146,25°: [x⇄y] [SIN] [R/S]

Nach Anzeige 14 mit Ausdruck 157,50°: [x⇄y] [SIN] [R/S]

Nach Anzeige 15 mit Ausdruck 168,75°: [x⇄y] [SIN] [R/S]

Nach Anzeige 16 mit Ausdruck 180,00°: [0] [R/S]

Ergebnisse:

Der zweimalige Zeilenvorschub zu Beginn der Rechnung zeigt an, daß nur Sinus-Koeffizienten existieren.

B_1 =	0,186	Grundschwingungsamplitude $\sin \omega t$
B_3 =	0,314	Oberschwingungsamplituden $\sin k\omega t$
B_5 =	0,094	
B_7 =	−0,094	
B_9 =	−0,042	
B_{11} =	0,042	
B_{13} =	0,012	
B_{15} =	−0,012	
I_{eff} =	0,278	Effektivwert
K =	0,881	Klirrfaktor

Rechenzeit rd. 8 Minuten

In Bild 2.5.6 sind die Schwingungsanteile bis zur Ordnungszahl 7 eingetragen.
Aufgrund der begrenzten Anzahl Stützwerte, die zu einer Schrittweite von minimal 11,25° führt, ergeben sich insbesondere in der Umgebung von Unstetigkeitsstellen Ungenauigkeiten der Approximation. In dem dargestellten Beispiel wurde z.B. der Funktionswert an den Sprungstellen bei 45° und 135° gleich dem halben oberen Funktionswert gesetzt. Eine stetige Verbindungslinie der Stützpunkte kappt einen Teil der Spitze der gegebenen Funktion ab. Dadurch ergibt sich beim Effektivwert ein um rd. 8 % zu kleiner Wert gegenüber dem exakten Wert:

$$I_{eff} = \hat{i}\,\frac{1}{2}\,\sqrt{1-\frac{2}{\pi}} = \hat{i}\cdot 0{,}3014$$

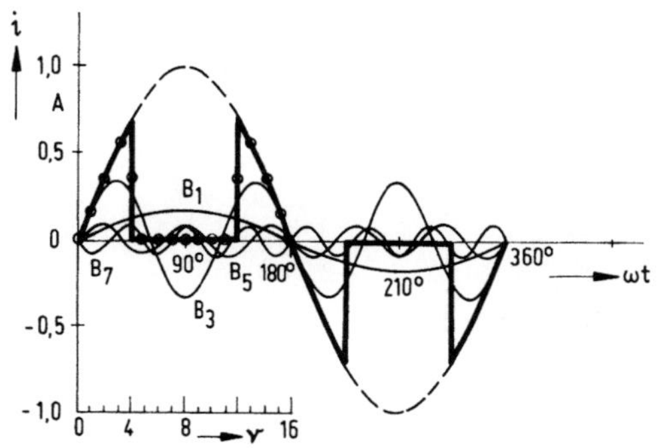

Bild 2.5.6 Harmonische Analyse einer sinusförmigen Stromkurve mit Phasenanschnitt- und Phasenabschnittsteuerung

3 Nachrichtentechnik

3.1 Schwingkreisberechnung

Ausgehend von dem allgemeinen Fall der Parallelschaltung einer Induktivität mit ohmschen Widerstand in Reihe und einer Kapazität mit ohmschen Widerstand in Reihe, Bild 3.1.1, wird ein Programm zur Berechnung des komplexen Gesamtwiderstandes, der Stromverteilung und der Resonanzfrequenz angegeben [13].

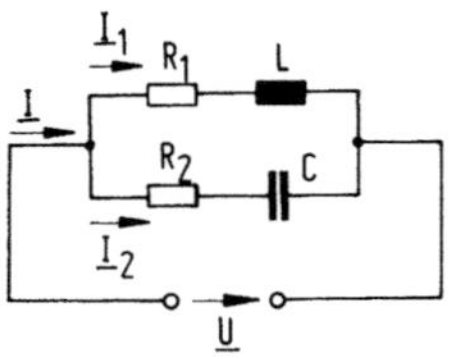

Bild 3.1.1 Parallel-Schwingkreis

Für den Gesamtstrom I gilt:

$$\underline{I} = \underline{U}\,\underline{Y} = \underline{U}\,(G + jB) \qquad (3.1.1)$$

mit dem Wirkleitwert G und dem Blindleitwert B:

$$G = \frac{R_1}{Z_1^2} + \frac{R_2}{Z_2^2} \qquad (3.1.2)$$

$$B = \frac{\frac{1}{\omega C}}{Z_2^2} - \frac{\omega L}{Z_1^2} \qquad (3.1.3)$$

und den Beträgen der Zweigimpedanzen:

$$Z_1 = \sqrt{R_1^2 + (\omega L)^2} \qquad (3.1.4)$$

$$Z_2 = \sqrt{R_2^2 + \left(\frac{1}{\omega C}\right)^2} \qquad (3.1.5)$$

Der Resonanzfall liegt vor, wenn der Schwingkreis nur Wirkstrom aus dem Netz bezieht, d.h. wenn der Blindleitwert B = 0 wird. Damit folgt für die Resonanzfrequenz f_r:

$$f_r = \frac{1}{2\pi\sqrt{LC}} \sqrt{\frac{L - CR_1^2}{L - CR_2^2}} \qquad (3.1.6)$$

3.1.1 Programmstruktur „Schwingkreisberechnung"

Im ersten Teil des Programms mit der Startadresse Label A werden die Gln. (3.1.1 bis 3.1.5) ausgewertet. Für die Berechnung müssen folgende Eingabewerte bereitgestellt sein:

			Indirekte Adresse {I}
Widerstand	R_1 in Ω	⇒ STO A	20
Induktivität	L in H	⇒ STO B	21
Widerstand	R_2 in Ω	⇒ STO C	22
Kapazität	C in F	⇒ STO D	23
Frequenz	f in Hz	⇒ STO E	24
Spannung	U in V	⇒ STO 0	0

Die Schrittweite der über STO I gewählten Variablen wird in STO 9 abgespeichert.

Bis zum Programmende in Zeile 077 werden folgende Werte in Polarkoordinaten ausgegeben:

Impedanz	$\underline{Z}$ in Ω	(Betrag und Winkel)
Gesamtstrom	$\underline{I}$ in A	(Betrag und Winkel)
Teilstrom	$\underline{I}_1$ in A	(Betrag und Winkel)
Teilstrom	$\underline{I}_2$ in A	(Betrag und Winkel)

Falls einer der Eingabewerte variiert werden soll, z.B. Z, I = g(f), so kann dies durch die einmalige Eingabe einer Schrittweite in das X-Register nach dem Programmstop und anschließender Betätigung der R/S-Taste bewirkt werden. Hierzu ist vorher das Indexregister entsprechend der absoluten Speicheradresse der Variablen (z.B. 24 STO I für variable Frequenz f) zu setzen. Über die Startadresse Label B wird die Resonanzfrequenz nach Gl. (3.1.6) bestimmt.

3.1.2 Programmbeschreibung „Schwingkreisberechnung"

Das Programm, siehe Tabelle 3.1.1, umfaßt 114 Anweisungszeilen. Der Programmteil mit Startadresse Label A endet mit einer R/S-Anweisung in Zeile 077. Die folgenden Anweisungen bis zu Label B in Zeile 090 dienen der zyklischen Berechnung von Ortskurvenpunkten für die mit STO I indirekt adressierte Variable. Bei {STO I} = 20 wird z.B. der Widerstand R_1 als Variable mit der in STO 9 vorgegebenen Schrittweite verändert. Die Auswertung der Gln. (3.1.2 bis 3.1.5) erfolgt mit den Anweisungen 002 bis 044. Mit den Anweisungen in den Zeilen 047 bis 050 wird die Impedanz $\underline{Z}$ mit Betrag und Phasenwinkel ausgegeben. Die Impedanz $\underline{Z}_1$ ist in den Speichern STO 5, STO 6 und die Impedanz $\underline{Z}_2$ ist in den Speichern STO 7, STO 8 mit Betrag und Phasenwinkel abgespeichert. Die Anweisungen 056 bis 059 liefern den Gesamtstrom $\underline{I}$ nach Betrag und Phase. Anschließend werden noch die Teilströme $\underline{I}_1$ und $\underline{I}_2$ ausgegeben. Vor dem Programmende ist in Zeile 076 noch eine Clear X Anweisung eingefügt. Falls vor Betätigung der R/S-Taste ein Wert ungleich Null eingegeben wurde, so wird dieser Wert als neue Schrittweite für die zyklische Berechnung nach STO 9 abgespeichert. Mit der Pause-Anweisung in Zeile 085 wird die gewählte Adresse der zyklischen Variablen angezeigt. Der aktuelle Wert dieser Variablen wird in Zeile 087 ausgegeben und die Berechnung bei Label A am Programmanfang fortgesetzt.
Mit dem Programmteil Label B von Zeile 090 bis Zeile 114 wird die Resonanzfrequenz gemäß Gl. (3.1.6) bestimmt.

Tabelle 3.1.1 Anweisungsliste „Schwingkreisberechnung"

```
Z,I   001  *LBLA
      002  RCLB
      003  STO1
      004  RCLE
      005     2
      006     x
      007    Pi
      008     x
      009  STx1
      010  RCLD
      011     x
      012   1/X
      013  STO2
      014  RCLC
      015    →P
      016  STO7
      017   X⇄Y
      018  STO8
      019   X⇄Y
      020    X²
      021  STO4
      022  RCL1
      023  RCLA
      024    →P
      025  STO5
      026   X⇄Y
      027  STO6
      028   X⇄Y
      029    X²
      030  STO3
      031  RCL2
      032  RCL4
      033     ÷
      034  RCL1
      035  RCL3
      036     ÷
      037     -
      038  RCLA
      039  RCL3
      040     ÷
      041  RCLC
      042  RCL4
      043     ÷
      044     +
      045    →P
      046   1/X
      047  PRTX => Z
      048   X⇄Y
      049   CHS
      050  PRTX => φZ
      051   X⇄Y
      052   SPC
      053  RCL0
      054   X⇄Y
      055     ÷
      056  PRTX => I
      057   X⇄Y
      058   CHS
      059  PRTX => φI
      060   SPC
      061  RCL0
      062  RCL5
      063     ÷
      064  PRTX => I1
      065  RCL6
      066   CHS
      067  PRTX => φI1
      068   SPC
      069  RCL0
      070  RCL7
      071     ÷
      072  PRTX => I2
      073  RCL8
      074  PRTX => φI2
      075   SPC
      076   CLX
      077   R/S
      ----------------
      078  X≠0?
      079  GTO0
      080  RCL9
      081  *LBL0
      082  STO9
      083  ST+i
      084  RCLI
      085   PSE => Adresse
      086  RCLi
      087  PRTX => {i} = Parameter
      088   SPC
      089  GTOA
fr    090  *LBLB
      091  RCLB
      092  RCLD
      093  RCLA
      094    X²
      095     x
      096     -
      097  RCLB
      098  RCLD
      099  RCLC
      100    X²
      101     x
      102     -
      103  RCLB
      104     x
      105  RCLD
      106     x
      107     ÷
      108    √X
      109    Pi
      110     ÷
      111     2
      112     ÷
      113  PRTX => fr
      114   R/S
```

3.1.3 Testbeispiel

Eingabe:	Widerstand	$R_1 = 10\,\Omega$:	10	STO A
	Induktivität	$L = 0{,}1$ H:	0,1	STO B
	Widerstand	$R_2 = 20\,\Omega$:	20	STO C
	Kapazität	$C = 10\,\mu F$:	10	EEX − 6 STO D
	Spannung	$U = 100$ V:	100	STO 0

Start [B]:

Ergebnis: $f_r = 161{,}62$ Hz

Rechenzeit rd. 3 Sekunden

Eingabe: $f_r = 161{,}62$ Hz in STO E

Start [A]:

Ergebnisse:
$\underline{Z}_r = 340\ \Omega\ e^{j0°}$
$\underline{I}_r = 0{,}29\ A\ e^{j0°}$
$\underline{I}_{1r} = 0{,}98\ A\ e^{-j84{,}38°}$
$\underline{I}_{2r} = 1{,}00\ A\ e^{-j78{,}52°}$

Rechenzeit rd. 15 Sekunden

Eingabe:
10 STO E (Frequenz f in Hz)
24 STO I (Adresse des Parameter-Speichers f)

Start [A]:

Ergebnisse:
$\underline{Z} = 11{,}86\ \Omega\ e^{j31{,}78°}$
$\underline{I} = 8{,}43\ A\ e^{-j31{,}78°}$
$\underline{I}_1 = 8{,}47\ A\ e^{-j32{,}14°}$
$\underline{I}_2 = 0{,}06\ A\ e^{j89{,}28°}$

Eingabe: 40 R/S (Dieser Wert wird als Schrittweite nach STO 9 übernommen)

Ergebnisse: Anzeige 24 als Adresse des Parameter-Speichers (Frequenz f) mit folgendem Ausdruck:

f = 50 Hz
$\underline{Z} = 36{,}45\ \Omega\ e^{69{,}97°}$
$\underline{I} = 2{,}74\ A\ e^{-j69{,}97°}$
$\underline{I}_1 = 3{,}03\ A\ e^{-j72{,}34°}$
$\underline{I}_2 = 0{,}31\ A\ e^{j86{,}40°}$

In Bild 3.1.2 ist die Ortskurve für den Gesamtstrom $\underline{I}$ aufgetragen.

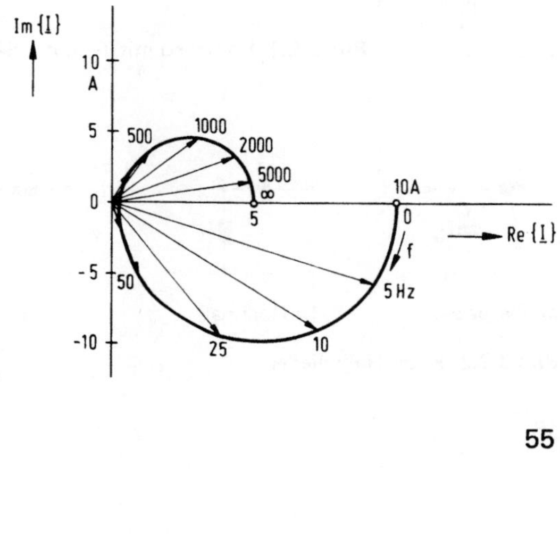

Bild 3.1.2 Ortskurve für den Gesamtstrom $\underline{I}$

3.2 Wellen- und Betriebsparameter passiver Filterschaltungen

3.2.1 Allgemeines Reaktanz-Halbglied

Eine elektrische Filterschaltung (Siebschaltung) ist ein Vierpol, der die Aufgabe hat, von einem am Eingang ankommenden Frequenzgemisch nur gewisse Frequenzbänder möglichst ungeschwächt zum Ausgang durchzulassen, während die übrigen Frequenzen möglichst stark geschwächt werden sollen. Die Frequenzbereiche, in denen das Filter durchlässig sein soll, heißen *Durchlaßbereiche* (DB), die anderen *Sperrbereiche* (SB). An der Grenze zwischen Durchlaß- und Sperrbereichen liegen die *Grenzfrequenzen* ω_g. Die vier wichtigsten Filterarten sind:

Filterart	Durchlaßbereich	Sperrbereich
Tiefpaß	$0 < \omega < \omega_g$	$\omega_g < \omega < \infty$
Hochpaß	$\omega_g < \omega < \infty$	$0 < \omega < \omega_g$
Bandpaß	$\omega_{g1} < \omega < \omega_{g2}$	$\begin{cases} 0 < \omega < \omega_{g1} \\ \omega_{g2} < \omega < \infty \end{cases}$
Bandsperre	$0 < \omega < \omega_{g1}$ $\omega_{g2} < \omega < \infty$	$\omega_{g1} < \omega < \omega_{g2}$

Die Filterwirkung einer Siebschaltung hängt von den Beschaltungswiderständen am Ein- und Ausgang ab. Deshalb sind zur Beurteilung der Filterwirkung die Wellenparameter für reflexionsfreie Beschaltung und die Betriebsparameter für nicht reflexionsfreie beliebige Beschaltung von Interesse [14, 15].

Als allgemeine Berechnungsgrundlage werden zur Beschreibung des verlustlosen Grundhalbgliedes gemäß Bild 3.2.1 folgende Normierungskennwerte eingeführt:

$$R_0 = \sqrt{\underline{Z}_a \cdot \underline{Z}_b} \tag{3.2.1}$$

$$\Omega^2 = -\frac{\underline{Z}_a}{\underline{Z}_b} \tag{3.2.2}$$

R_0 ist der Kennwiderstand und Ω ist die normierte Frequenz (Kennfrequenz).

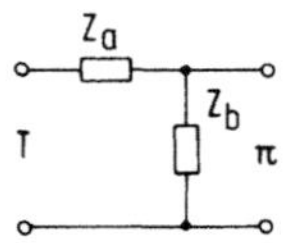

Bild 3.2.1 Halbglied mit T- und π-Seite

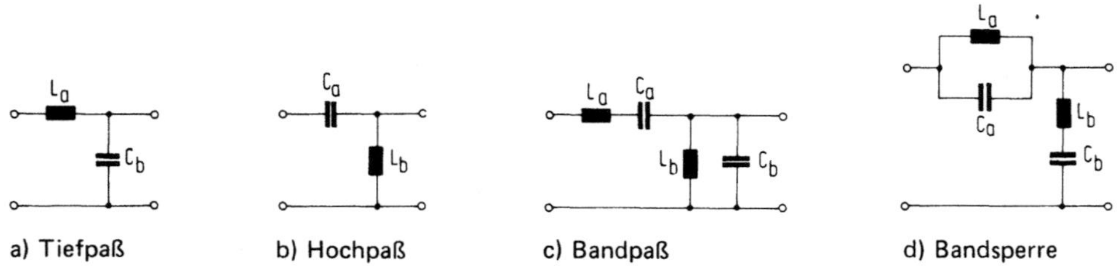

Bild 3.2.2 Filter-Halbglieder

Für die Grundfilterarten Tiefpaß, Hochpaß, Bandpaß und Bandsperre gemäß Bild 3.2.2a bis d gelten die Normierungskennwerte:

$$R_0 = \sqrt{\frac{L_a}{C_b}} = \sqrt{\frac{L_b}{C_a}} \tag{3.2.3}$$

$$\Omega = \begin{cases} \dfrac{\omega}{\omega_g} & \text{für Tiefpaß} \\ -\dfrac{\omega_g}{\omega} & \text{für Hochpaß } \left(\Omega_{HP} = -\dfrac{1}{\Omega_{TP}}\right) \\ \dfrac{\omega^2 - \omega_{g1}\,\omega_{g2}}{\omega\,(\omega_{g2} - \omega_{g1})} & \text{für Bandpaß} \\ \dfrac{\omega\,(\omega_{g2} - \omega_{g1})}{\omega_{g1}\,\omega_{g2} - \omega^2} & \text{für Bandsperre } \left(\Omega_{BS} = -\dfrac{1}{\Omega_{BP}}\right) \end{cases} \tag{3.2.4}$$

3.2.2 Berechnung der Filterelemente

Mit den Reaktanzelementen L_a, C_b und L_b, C_a lassen sich die vier Grund-Filterarten durch Kombination von jeweils zwei Halblgiedern als π- oder T-Schaltung aufbauen (Bild 3.2.2).

Sind der Kennwiderstand R_0 und die Grenzfrequenzen gegeben, so sind die einzelnen Reaktanzen der Halbglieder durch folgende Gleichungen bestimmt:

Tiefpaß:
$$L_a = \frac{R_0}{\omega_g}, \qquad C_b = \frac{1}{R_0\,\omega_g} \tag{3.2.5a, b}$$

Hochpaß:
$$C_a = \frac{1}{R_0\,\omega_g}, \qquad L_b = \frac{R_0}{\omega_g} \tag{3.2.6a, b}$$

Bandpaß:
$$L_a = \frac{R_0}{\omega_{g2} - \omega_{g1}}, \qquad C_a = \frac{\omega_{g2} - \omega_{g1}}{R_0\,\omega_{g1}\,\omega_{g2}} \tag{3.2.7a, b}$$

$$L_b = R_0\,\frac{\omega_{g2} - \omega_{g1}}{\omega_{g1}\,\omega_{g2}}, \qquad C_b = \frac{1}{R_0\,(\omega_{g2} - \omega_{g1})} \tag{3.2.8a, b}$$

Bandsperre:
$$L_a = R_0\,\frac{\omega_{g2} - \omega_{g1}}{\omega_{g1}\,\omega_{g2}}, \qquad C_a = \frac{1}{R_0\,(\omega_{g2} - \omega_{g1})} \tag{3.2.9a, b}$$

$$L_b = \frac{R_0}{\omega_{g2} - \omega_{g1}}, \qquad C_b = \frac{\omega_{g2} - \omega_{g1}}{R_0\,\omega_{g1}\,\omega_{g2}} \tag{3.2.10a, b}$$

3.2.3 Berechnung der Wellenparameter

Für den Wellenwiderstand der T-Schaltung mit den normierten Parametern Ω und R_0 gilt allgemein:

$$\underline{Z}_{WT} = R_0\,\sqrt{1 - \Omega^2} \tag{3.2.11}$$

Der reelle Lösungsbereich gilt für den Durchlaßbereich (DB) und der imaginäre Lösungsbereich gilt für den Sperrbereich (SB):

$$\underline{Z}_{WT} = \begin{cases} R_0\sqrt{1-\Omega^2} & \text{für } |\Omega| \leqq 1 \\ jR_0\sqrt{\Omega^2-1} & \text{für } |\Omega| > 1 \end{cases} \tag{3.2.12}$$

Für die π-Schaltung gilt entsprechend:

$$\underline{Z}_{W\pi} = \begin{cases} \dfrac{R_0}{\sqrt{1-\Omega^2}} & \text{für } |\Omega| \leqq 1 \\ -j\dfrac{R_0}{\sqrt{\Omega^2-1}} & \text{für } |\Omega| > 1 \end{cases} \tag{3.2.13}$$

Das Verhältnis der Eingangsspannung $\underline{U}_1$ einer Filterschaltung zu der Ausgangsspannung $\underline{U}_2$ bei Abschluß mit dem Wellenwiderstand nennt man die Spannungs-Wellenübertragungsfunktion $\underline{F}_w$:

$$\underline{F}_w = \frac{\underline{U}_1}{\underline{U}_2} = e^{a_w + jb_w} \tag{3.2.14}$$

$$\underline{F}_w = e^{a_w}\, e^{jb_w} = 1 - 2\,\Omega^2 + j\,2\,\Omega\sqrt{1-\Omega^2} \tag{3.2.15}$$

Die Wellendämpfung in Neper ergibt sich aus dem natürlichen Logarithmus des Betraganteils der Spannungs-Wellenübertragungsfunktion.

$$a_w = \begin{cases} 0 & \text{für } |\Omega| \leqq 1 \\ \ln|F_w| = 2\ln(\sqrt{\Omega^2-1} + |\Omega|) & \text{für } |\Omega| > 1 \end{cases} \tag{3.2.16}$$

Für das Wellenphasenmaß b_w gilt:

$$b_w = \begin{cases} \arctan\dfrac{2\Omega\sqrt{1-\Omega^2}}{1-2\,\Omega^2} & \text{für } |\Omega| \leqq 1 \\ \pi & \text{für } |\Omega| > 1 \end{cases} \tag{3.2.17}$$

$$\varphi_w = \frac{180°}{\pi}\, b_w \tag{3.2.18}$$

3.2.4 Berechnung für Betriebsparameter

Als Betriebsparameter sind die Eingangswiderstände $\underline{Z}_{eT}$ und $\underline{Z}_{e\pi}$ und die Betriebsübertragungsfunktion $\underline{F}_B$ von besonderer Bedeutung. Die Betriebsübertragungsfunktion $\underline{F}_B$ setzt die vom Generator maximal abgebbare Wirkleistung zur Wirkleistung am Abschlußwiderstand zueinander ins Verhältnis:

$$\underline{F}_B = \frac{P_{max}}{P_2} = \frac{\underline{U}_0}{2\,\underline{U}_2}\sqrt{\frac{\underline{Z}_2}{\underline{Z}_1}} = e^{a_B + jb_B} \tag{3.2.19}$$

Die Betriebsübertragungsfunktion stimmt für den Fall der beidseitigen Anpassung $Z_1 = Z_2 = Z_w$ mit der Spannungs-Wellenübertragungsfunktion überein.

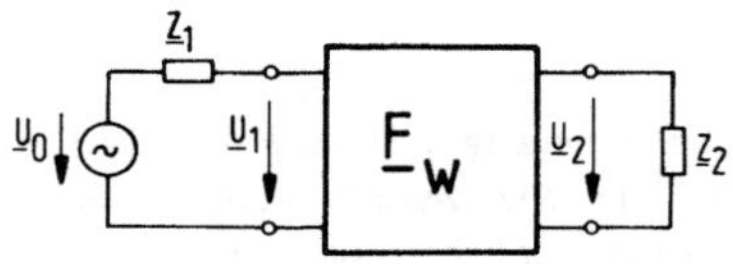

Bild 3.2.3 Allgemeines Vierpol-Übertragungsglied

Setzt man beim T-Grundglied $Z_1 = Z_2 = R = \frac{R_0}{q}$ und beim π-Grundglied $Z_1 = Z_2 = R = s\,R_0$ (Bild 3.2.3), so folgt für die Eingangswiderstände Z_{eT}, $Z_{e\pi}$:

$$Z_{eT} = R_0 \frac{1 - 2\,\Omega^2 + j\,2\,\Omega\,q\,(1 - \Omega^2)}{q\,(1 - 2\,\Omega^2) + j\,2\,\Omega} \tag{3.2.20}$$

$$Z_{e\pi} = R_0 \frac{s\,(1 - 2\,\Omega^2) + j\,2\,\Omega}{1 - 2\,\Omega^2 + j\,2\,\Omega\,s\,(1 - \Omega^2)} \tag{3.2.21}$$

Die Eingangswiderstände von T- und π-Gliedern haben reziproke Frequenzgänge, Bild 3.2.4. Für die Betriebsübertragungsfunktion der T-Schaltung gilt:

$$\underline{F}_{BT} = e^{g_{BT}} = 1 - 2\,\Omega^2 + j\,\Omega\left[q\,(1 - \Omega^2) + \frac{1}{q}\right] \tag{3.2.22}$$

Mit der Betriebsdämpfung in Neper:

$$a_{BT} = \frac{1}{2}\ln\left\{(1 - 2\,\Omega^2)^2 + \Omega^2\left[q\,(1 - \Omega^2) + \frac{1}{q}\right]^2\right\} \tag{3.2.23}$$

und dem Betriebsphasenmaß:

$$b_{BT} = \arctan\left[\Omega\,\frac{q\,(1 - \Omega^2) + \frac{1}{q}}{1 - 2\,\Omega^2}\right] \tag{3.2.24}$$

$$\varphi_{BT} = \frac{180^\circ}{\pi}\,b_{BT} \tag{3.2.25}$$

Entsprechend gilt für die Betriebsübertragungsfunktion der π-Schaltung:

$$\underline{F}_{B\pi} = e^{g_{B\pi}} = 1 - 2\,\Omega^2 + j\,\Omega\left[s\,(1 - \Omega^2) + \frac{1}{s}\right] \tag{3.2.26}$$

Die Betriebsübertragungsfunktion für das π-Grundglied stimmt mit derjenigen für das T-Grundglied überein, wenn anstelle der Fehlanpassungsvariablen $q = \frac{R_0}{R}$ die Fehlanpassungsvariable $s = \frac{R}{R_0}$ gesetzt wird.

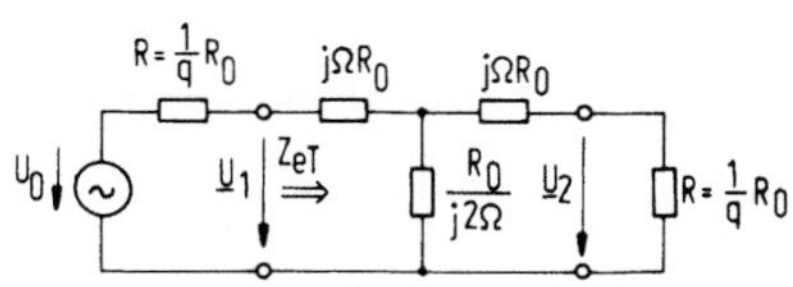

a) T-Schaltung

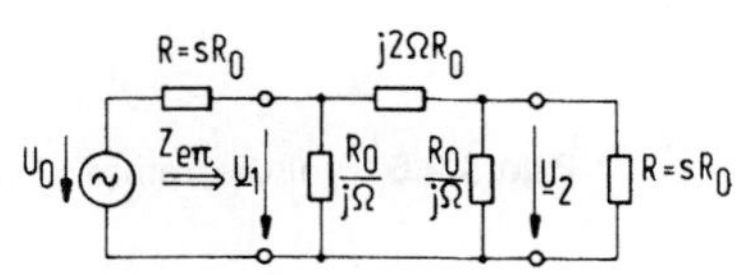

b) π-Schaltung

Bild 3.2.4 T- und π-Grundglieder zur Berechnung der Betriebsparameter

3.2.5 Programmstruktur „Filterberechnung"

Das Programm enthält vier Startadressen für die Berechnung der Filterarten: Tiefpaß (Label A), Hochpaß (Label B), Bandpaß (Label C) und Bandsperre (Label D) sowie zwei Startadressen für die Auswahl der Schaltungsart in Form einer T-Schaltung (Label E) oder π-Schaltung (Label e).
Vor dem Programmstart sind folgende Eingabedaten bereitzustellen:

Kennwiderstand R_0 in Ω	⇒ STO A
(untere) Grenzfrequenz f_{g1} in Hz	⇒ STO B
(obere) Grenzfrequenz f_{g2} in Hz	⇒ STO C
Startfrequenz f in Hz	⇒ STO D
Anpassungsfaktor s bzw. q	⇒ STO E
Schrittweite der Kennfrequenz $\Delta\Omega$ für die zyklische Berechnung	⇒ STO I

Falls der Inhalt von STO E gleich null ist, wird die Berechnung der Eingangsimpedanz und der Betriebsparameter übersprungen. Der Rechnungsablauf ist in Bild 3.2.5 anhand eines Flußdiagramms aufgezeigt. In der äußeren Zyklusschleife wird die Kennfrequenz als Laufvariable nach Maßgabe der in STO E abgelegten Schrittweite verändert. Bei der Schrittweite null in STO E wird nur ein Lösungsvektor bestimmt.

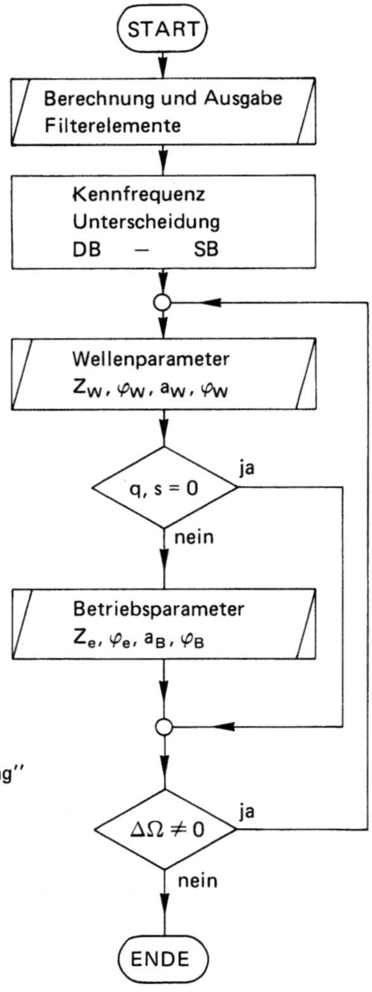

Bild 3.2.5 Flußdiagramm „Filterberechnung"

3.2.6 Programmbeschreibung „Filterberechnung"

Das Programm umfaßt 223 Programmzeilen, siehe Tabelle 3.2.1. Es wird nur der primäre Speicherbereich von STO 0 bis STO 7 benutzt. Die Tiefpaßberechnung beginnt in Zeile 001 mit Label A. Als Unterscheidungsmerkmal gegenüber dem Hochpaß wird das Flag 0 gesetzt. Mit dem Unterprogrammaufruf GSB 0 in Zeile 008 wird die Kreisfrequenz ω_g gebildet und in STO 0 abgespeichert. Mit den folgenden Anweisungen werden die Gln. (3.2.5 und 3.2.6) ausgewertet und in Zeile 018 über den Unterprogrammaufruf GSB 6 die Ausgabe der Werte für die Induktivität und Kapazität eines Halbgliedes veranlaßt. Ab Label 2 in Zeile 054 beginnt der Berechnungszyklus mit der Kennfrequenz Ω als Parameter. Falls der Wellenwiderstand imaginär ist (Sperrbereich), wird vor dem Ausdruck des Wertes eine Zeile mit dem Merkmal 111... erzeugt. In Programmzeile 126 werden die Wellen-Übertragungsparameter a_W, φ_W ausgegeben. Die Auswertung der Gln. (3.2.20 und 3.2.21) endet mit der Ausgabe des Eingangswiderstandes $\underline{Z}_e$ in Zeile 156 nach Betrag und Phasenwinkel. Anschließend werden die Betriebs-Übertragungsparameter a_B, φ_B berechnet und in Zeile 168 ausgegeben. Das Unterprogramm Label 3 in Zeile 182 bis 211 wird zur Berechnung der Bandpaß-, Bandsperre-Elemente mit den Anweisungen in den Zeilen 025 und 033 aufgerufen.

3.2.7 Test- und Anwendungsbeispiele

Mit den Filterkenndaten Kennwiderstand $R_0 = 600\,\Omega$, Grenzfrequenz $f_g = 1$ kHz für Hoch- oder Tiefpaßfilter und $R_0 = 600\,\Omega$, $f_{g1} = 1$ kHz, $f_{g2} = 1{,}2$ kHz für Bandpaß- und Bandsperrefilter sollen die Wellen- und Betriebsparameter in Abhängigkeit von der Frequenz ermittelt werden.
Um einen umfassenden Überblick über die charakteristischen Unterschiede der einzelnen Filterparameter zu gewinnen, werden die numerischen Ergebnisse in Diagrammen dargestellt.

a) Tiefpaß

Eingaben:	600	STO A	(Kennwiderstand R_0 in Ohm)
	1000	STO B	(Grenzfrequenz f_g in Hz)
	0	STO D	(Startfrequenz f in Hz)
	1	STO E	(Anpassungsfaktor q bzw. s)
	2	STO I	(Schrittweite $\Delta\Omega$ für den zyklischen Rechnungsablauf)

Start [E]: Programmvorbereitung für T-Schaltung (Flag 1 wird gelöscht)

Start [A]:

Ergebnisse: $L_a = 0{,}095$ H, $C_a = 0{,}265\ \mu$F } Halbglied

Tabelle 3.2.1 Anweisungsliste „Filterberechnung"

```
Tiefpaß      001  *LBLA
             002  SF0
             003  GTO1
Hochpaß      004  *LBLB
             005  CF0
             006  *LBL1
             007  RCLB
             008  GSB0
             009  STO0
             010  RCLA
             011  ×
             012  1/X
             013  STO7
             014  RCLA
             015  RCL0
             016  ÷
             017  STO4
             018  GSB6  ⇒ { La, Ca }
             019  RCLD
             020  RCLB
             021  ÷
             022  GTO4
Bandpaß      023  *LBLC
             024  SF0
             025  GSB3
             026  RCL4
             027  RCL5
             028  RCL6
             029  RCL7
             030  GTO1
Bandsperre   031  *LBLD
             032  CF0
             033  GSB3
             034  RCL7
             035  RCL4
             036  RCL5
             037  *LBL1
             038  PRST  ⇒ { La, Ca, Lb, Cb }
             039  RCLD
             040  GSB0
             041  1/X
             042  LSTX
             043  RCL2
             044  ÷
             045  X⇄Y
             046  RCL3
             047  ÷
             048  -
             049  *LBL4
             050  F0?
             051  GTO2
             052  1/X
             053  CHS
             054  *LBL2
             055  PSE  ⇔ Ω
             056  STO1
             057  PRTX
             058  SF0
             059  CF2
             060  STO6
             061  ST+6
             062  X²
             063  STO4
             064  CHS
             065  STO7
             066  1
             067  +
             068  STO2
             069  STO5
             070  ST+7
             071  X>0?
             072  SPC
             073  X>0?
             074  GTO1
             075  EEX
             076  1
             077  0
             078  ENT↑
             079  9
             080  ÷
             081  PRTX  ⇒ 111...
             082  R↓
             083  CHS
             084  SF2
             085  *LBL1
             086  √X
             087  STO3
             088  F1?
             089  1/X
             090  RCLA
             091  ×
             092  RCL2
             093  X>0?
             094  GTO1
             095  R↓
             096  F1?
             097  CHS
             098  R↑
             099  *LBL1
             100  R↓
             101  PRTX  ⇒ Zw
             102  SPC
             103  F2?
             104  GTO1
             105  RCL3
             106  RCL6
             107  ×
             108  RCL7
             109  →P
             110  R↓
             111  1
             112  GTO4
             113  *LBL1
             114  SF2
             115  1
             116  8
             117  0
             118  RCL3
             119  RCL1
             120  ABS
             121  +
             122  *LBL4
             123  LN
             124  2
             125  ×
             126  GSB6  ⇒ { aw, φw }
             127  RCLE
             128  X=0?
             129  GTO1
             130  RCL6
             131  ST×5
             132  RCL7
             133  RCLE
             134  ST×5
             135  ×
             136  →P
             137  RCL5
             138  RCL7
             139  →P
             140  X⇄Y
             141  CHS
             142  R↓
             143  ÷
             144  R↓
             145  +
             146  R↑
             147  F1?
             148  GTO5
             149  1/X
             150  X⇄Y
             151  CHS
             152  X⇄Y
             153  *LBL5
             154  RCLA
             155  ×
             156  GSB6  ⇒ Ze, φe
             157  RCL2
             158  RCLE
             159  ×
             160  RCLE
             161  1/X
             162  +
             163  RCL1
             164  ×
             165  RCL7
             166  →P
             167  LN
             168  GSB6  ⇒ aB, φB
             169  *LBL1
             170  RCLI
             171  X=0?
             172  R/S
             173  ST+1
             174  RCL1
             175  GTO2
UP           176  *LBL0
             177  Pi
             178  ×
             179  2
             180  ×
             181  RTN
UP           182  *LBL3
             183  RCLC
             184  RCLB
             185  -
             186  GSB0
             187  STO2
             188  RCLB
             189  GSB0
             190  ÷
             191  RCLC
             192  GSB0
             193  ÷
             194  STO3
             195  RCLA
             196  ÷
             197  STO5
             198  RCLA
             199  RCL2
             200  ÷
             201  STO4
             202  RCL2
             203  RCLA
             204  ×
             205  1/X
             206  STO7
             207  RCL3
             208  RCLA
             209  ×
             210  STO6
             211  RTN
UP           212  *LBL6
             213  PRTX
             214  X⇄Y
             215  PRTX
             216  SPC
             217  RTN
T            218  *LBLE
             219  CF1
             220  R/S
π            221  *LBLe
             222  SF1
             223  R/S
```

	1. Zyklus	2. Zyklus	3. Zyklus	4. Zyklus
Ω	0.000	2.000	4.000	6.000
Z_W in Ω	600.000	1111111111. 1039.230	1111111111. 2323.790	1111111111. 3549.648 [1]
a_W in Np φ_W	0.000 0.000°	2.634 180.000°	4.127 180.000°	4.956 180.000°
Z_e in Ω φ_e	600.000 0.000	1033.887 −270.512	2322.732 −270.014	3549.315 −270.002°
a_B in Np φ_B	0.000 0.000°	2.087 −150.255°	4.159 −118.968°	5.375 −109.190°

Rechenzeit rd. 20 Sekunden je Zyklus

[1] Anmerkung: Der nach 1111... folgende Wert ist imaginär.

Startet man das Programm mit den gleichen Eingabedaten über den Vorbereitungsschritt [f] [e], so werden die Tiefpaß-Filterparameter der π-Schaltung berechnet.

Start [f] [e]: Programmvorbereitung für π-Schaltung (Flag 1 wird gelöscht)

Start [A]:

Ergebnisse: $L_a = 0{,}095$ H, $C_a = 0{,}265\ \mu$F } Halbglied

	1. Zyklus	2. Zyklus	3. Zyklus	4. Zyklus
Ω	0.000	2.000	4.000	6.000
Z_W in Ω	600.000	1111111111. −346.410	1111111111. −154.919	1111111111. −101.419
a_W in Np φ_W	0.000 0.000°	2.634 180.000°	4.127 180.000°	4.956 180.000°
Z_e in Ω φ_e	600.000 0.000°	348.200 270.512°	154.990 270.014°	101.428 270.002°
a_B in Np φ_B	0.000 0.000°	2.087 −150.255°	4.159 −118.968°	5.375 −109.190°

Rechenzeit rd. 20 Sekunden je Zyklus

Mit den berechneten Kenndaten für ein Halbglied gemäß Bild 3.2.2a lassen sich folgende Filterschaltungen realisieren:

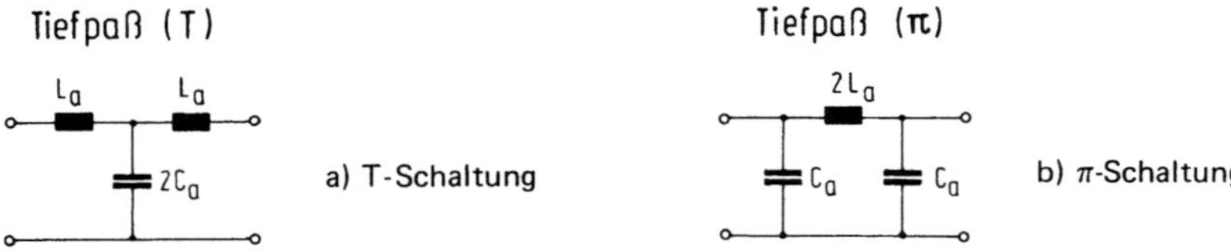

Bild 3.2.6 Tiefpaß in T- und π-Schaltung für $R_0 = 600\,\Omega$, $f_g = 1$ kHz

In den folgenden Bildern 3.2.7 bis 3.2.12 sind die Kennlinien von Wellenwiderstand, Dämpfung, Phasengang und Eingangswiderstand für die beiden Tiefpaß-Grundschaltungen in Abhängigkeit von der Frequenz dargestellt.

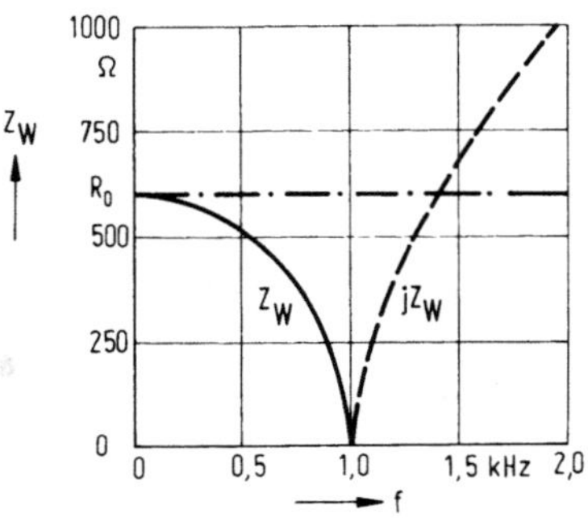

Bild 3.2.7 Wellenwiderstand eines Tiefpasses in T-Schaltung ($R_0 = 600\,\Omega$, $f_g = 1$ kHz)

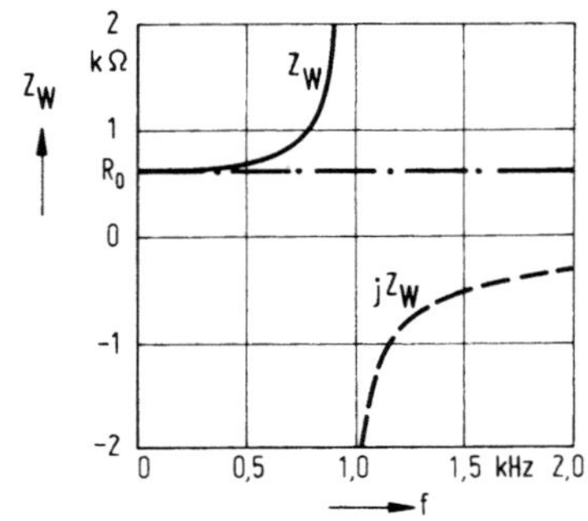

Bild 3.2.8 Wellenwiderstand eines Tiefpasses in π-Schaltung ($R_0 = 600\,\Omega$, $f_g = 1$ kHz)

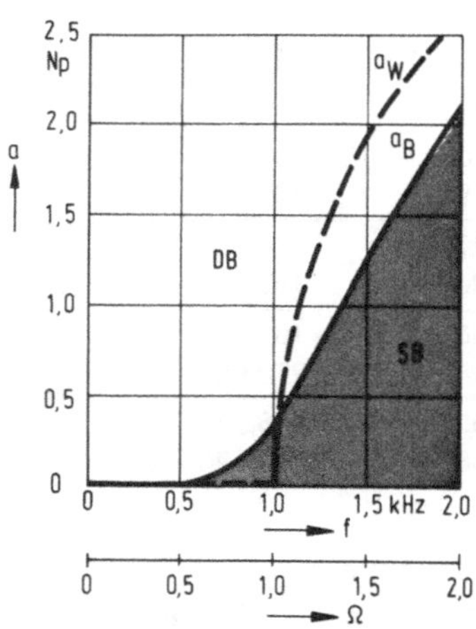

Bild 3.2.9 Wellen- und Betriebsdämpfung eines Tiefpasses ($R_0 = 600\,\Omega$, $f_g = 1$ kHz, $R_i = R_a = R_0$)

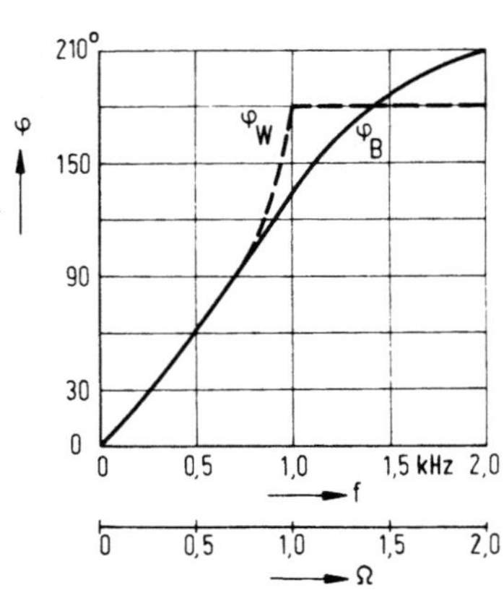

Bild 3.2.10 Phasengang der Wellen- und Betriebsübertragungsfunktion eines Tiefpasses ($R_0 = 600\,\Omega$, $f_g = 1$ kHz, $R_i = R_a = R_0$)

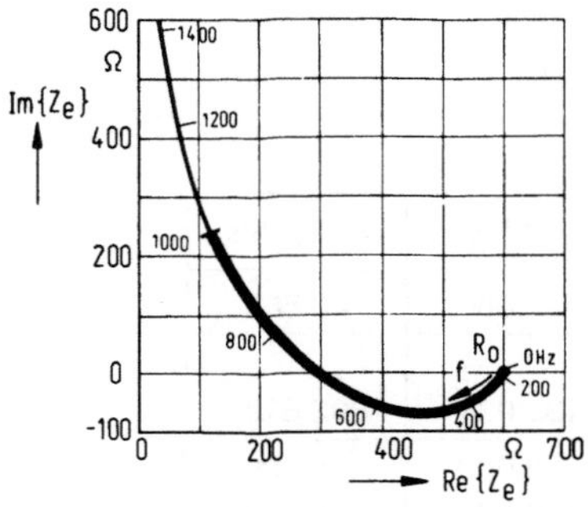

Bild 3.2.11 Eingangswiderstand eines Tiefpasses in T-Schaltung (R_0 = 600 Ω, f_g = 1 kHz, $R_i = R_a = R_0$)

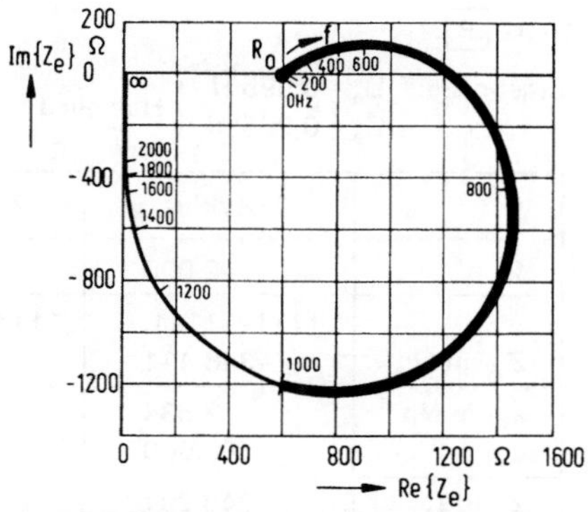

Bild 3.2.12 Eingangswiderstand eines Tiefpasses in π-Schaltung (R_0 = 600 Ω, f_g = 1 kHz, $R_i = R_a = R_0$)

b) Hochpaß

Eingaben:	600	STO A	(Kennwiderstand R_0 in Ohm)
	1000	STO B	(Grenzfrequenz f_g in Hz)
	500	STO D	(Startfrequenz f in Hz)
	1	STO E	(Anpassungsfaktor q bzw. s)
	0,5	STO I	(Schrittweite ΔΩ für den zyklischen Rechnungsablauf)

Start [E]: Programmvorbereitung für T-Schaltung (Flag 1 wird gelöscht)

Start [B]:

Ergebnisse: L_a = 0,095 H, C_a = 0,265 μF } Halbglied

	1. Zyklus	2. Zyklus	3. Zyklus	4. Zyklus
Ω	–2.000	–1.500	–1.000	–0.500
Z_W in Ω	1111111111. 1039.230	1111111111. 670.820	1111111111. 0.000	519.615
a_W in Np φ_W	2.634 180.000°	1.925 180.000°	0.000 180.000°	0.000 –60.000°
Z_e in Ω φ_e	1033.887 270.512°	667.656 272.424°	268.328 296.565°	483.735 7.125°
a_B in Np φ_B	2.087 150.255°	1.256 173.884°	0.347 –135.000°	0.008 –60.255°

Rechenzeit rd. 20 Sekunden je Zyklus

Für die Berechnung der π-Schaltung wird die Startfrequenz in STO D auf 500,001 Hz verändert. Dadurch wird eine Error-Unterbrechung bei Ω = – 1 entsprechend f = 1 kHz wegen $Z_W = \infty$ vermieden.

Start [f] [e]: Programmvorbereitung für π-Schaltung (Flag 1 wird gesetzt)

Start [B]:

Ergebnisse: $L_a = 0{,}095$ H, $C_a = 0{,}265\ \mu$F } Halbglied

	1. Zyklus	2. Zyklus	3. Zyklus	4. Zyklus
Ω	-2.000	-1.500	-1.000	-0,500
Z_W in Ω	1111111111. -346.411	1111111111. -536.659	212132.034	692.818
a_W in Np φ_W	2.634 180.000°	1.925 180.000°	0.000 -179.676°	0.000 -59.999°
Z_e in Ω φ_e	348.201 -270.512°	539.202 -272.424°	1341.654 63.434°	744.204 -7.125°
a_B in Np φ_B	2.087 150.255°[1)]	1.258 173.885°[1)]	0.347 -134.999°	0.008 -60.255°

[1)] Von dem ausgegebenen Wert (Hauptwert) sind 360° abzuziehen.

Rechenzeit rd. 20 Sekunden je Zyklus

Mit den berechneten Kenndaten für ein Halbglied gemäß Bild 3.2.2b lassen sich folgende Filterschaltungen realisieren (Bild 3.2.13):

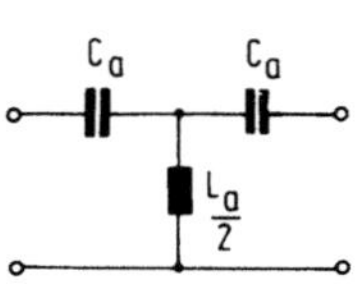

a) T-Schaltung

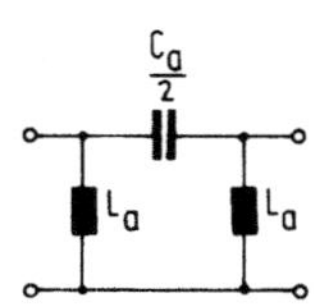

b) π-Schaltung

Bild 3.2.13 Hochpaß in T- und π-Schaltung für $R_0 = 600\ \Omega$, $f_g = 1$ kHz

In den Bildern 3.2.14 bis 3.2.19 sind die berechneten Größen für den Hochpaß in Abhängigkeit von der Frequenz dargestellt.

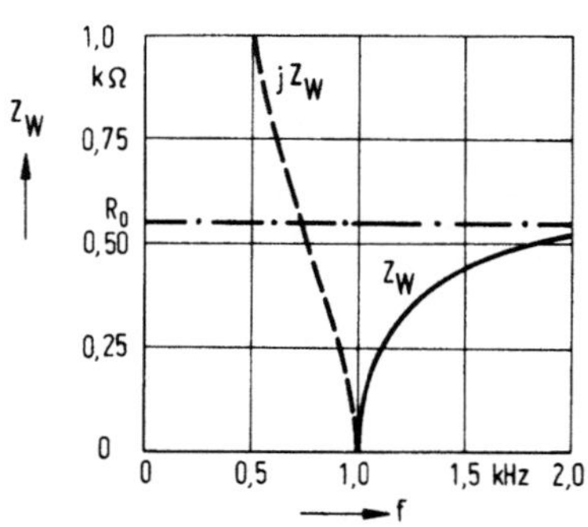

Bild 3.2.14 Wellenwiderstand eines Hochpasses in T-Schaltung ($R_0 = 600\ \Omega$, $f_g = 1$ kHz)

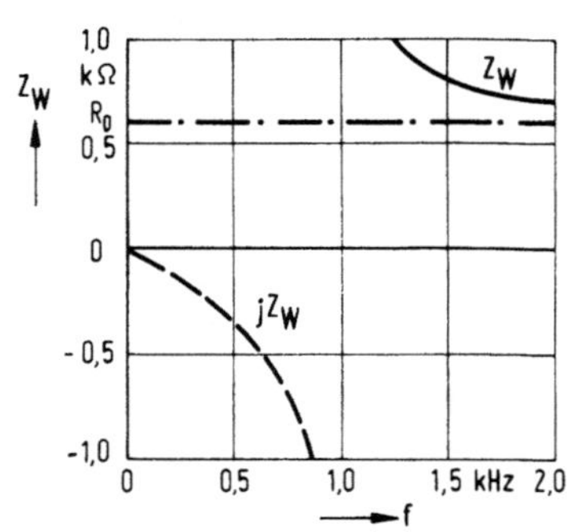

Bild 3.2.15 Wellenwiderstand eines Hochpasses in π-Schaltung ($R_0 = 600\ \Omega$, $f_g = 1$ kHz)

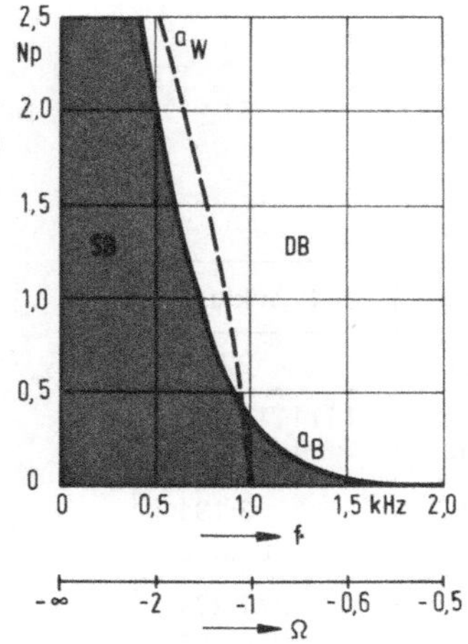

Bild 3.2.16 Wellen- und Betriebsdämpfung eines Hochpasses (R_0 = 600 Ω, f_g = 1 kHz)

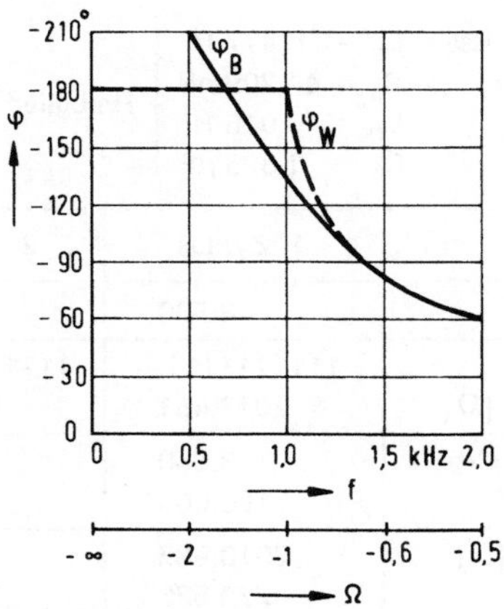

Bild 3.2.17 Phasengang der Wellen- und Betriebsübertragungsfunktion eines Hochpasses (R_0 = 600 Ω, f_g = 1 kHz)

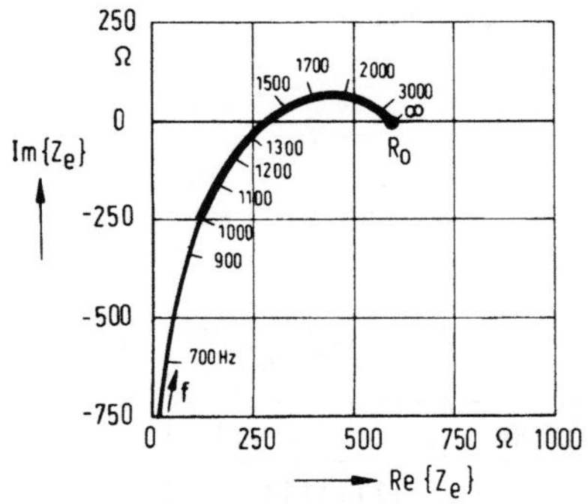

Bild 3.2.18 Eingangswiderstand eines Hochpasses in T-Schaltung (R_0 = 600 Ω, f_g = 1 kHz)

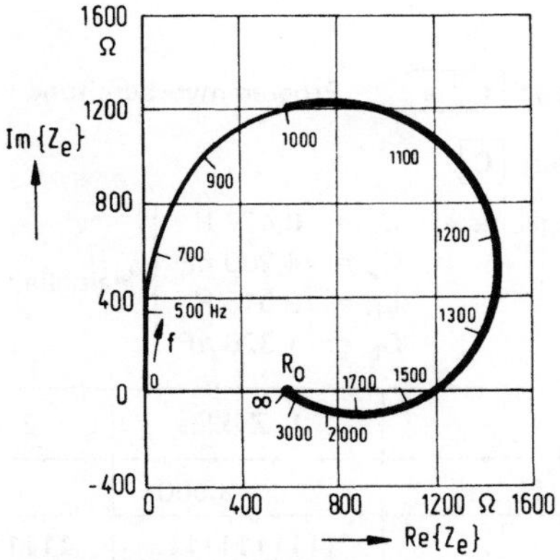

Bild 3.2.19 Eingangswiderstand eines Hochpasses in π-Schaltung (R_0 = 600 Ω, f_g = 1 kHz)

c) Bandpaß

Eingaben:	600	STO A	(Kennwiderstand R_0 in Ohm)
	1000	STO B	(Untere Grenzfrequenz f_{g1} in Hz)
	1200	STO C	(Obere Grenzfrequenz f_{g2} in Hz)
	800	STO D	(Startfrequenz f in Hz)
	1	STO E	(Anpassungsfaktor q bzw. s)
	2	STO I	(Schrittweite ΔΩ für den zyklischen Rechnungsablauf)

Start [E]: Programmvorbereitung für T-Schaltung (Flag 1 wird gelöscht)

Start [C]:

Ergebnisse: L_a = 0,477 H, C_a = 44,209 nF, L_b = 0,016 H, C_b = 1,326 μF } Halbglied

	1. Zyklus	2. Zyklus	3. Zyklus	4. Zyklus
Ω	-3.500	-1.500	0.500	2.500
Z_W [Ω]	1111111111. 2012.461	1111111111. 670.820	519.615	1111111111. 1374.773
a_W [Np] φ_W	3.850 180.000°	1.925 180.000°	0.000 60.000°	3.134 180.000°
Z_e [Ω] φ_e	2010.936 270.826°	667.656 272.424°	483.735 -7.125°	1371.229 -270.159°
a_B [Np] φ_B	3.759 123.227°	1.258 173.884°	0.008 60.255°	2.751 -137.265°

Rechenzeit rd. 20 Sekunden je Zyklus

Start [f] [e]: Programmvorbereitung für π-Schaltung (Flag 1 wird gesetzt)

Start [C]:

Ergebnisse: L_a = 0,477 H, C_a = 44,209 nF, L_b = 0,016 H, C_b = 1,326 μF } Halbglied

	1. Zyklus	2. Zyklus	3. Zyklus	4. Zyklus
Ω	-3.500	-1.500	0.500	2.500
Z_W [Ω]	1111111111. -178.885	1111111111. -536.656	692.820	1111111111. -261.861
a_W [Np] φ_W	3.850 180.000°	1.925 180.000°	0.000 60.000°	3.134 180.000°
Z_e [Ω] φ_e	179.021 -270.028°	539.200 -272.424°	744.208 7.125°	262.538 270.159°
a_B [Np] φ_B	3.759 123.227°	1.258 173.884°	0.008 60.255°	2.751 -137.265°

Rechenzeit rd. 20 Sekunden je Zyklus

Mit den berechneten Kenndaten für ein Halbglied gemäß Bild 3.2.2c lassen sich die Filterschaltungen in Bild 3.2.20 realisieren:

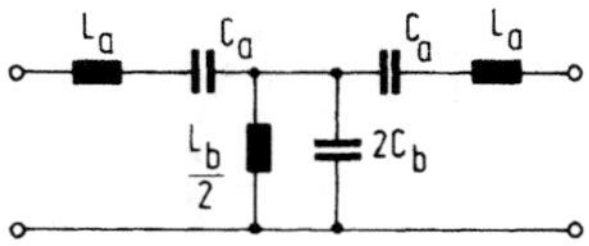

a) T-Schaltung

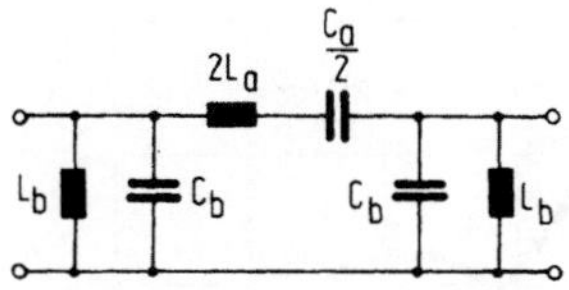

b) π-Schaltung

Bild 3.2.20 Bandpaß in T- und π-Schaltung für $R_0 = 600\ \Omega$, $f_{g1} = 1$ kHz, $f_{g2} = 1{,}2$ kHz

In den folgenden Bildern 3.2.21 bis 3.2.26 sind die berechneten Größen für den Bandpaß in Abhängigkeit von der Frequenz dargestellt.

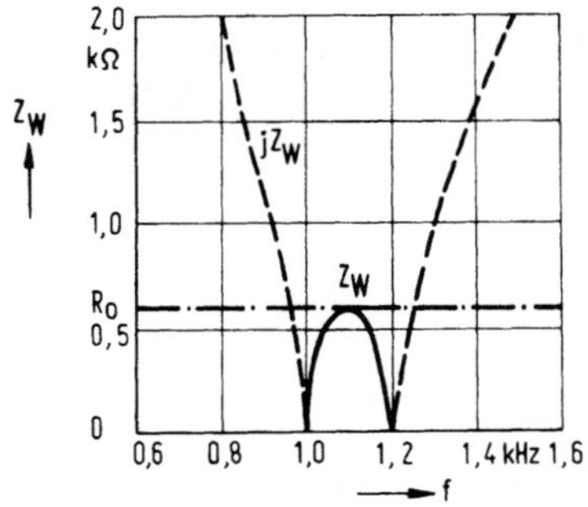

Bild 3.2.21 Wellenwiderstand eines Bandpasses in T-Schaltung ($R_0 = 600\ \Omega$, $f_{g1} = 1$ kHz, $f_{g2} = 1{,}2$ kHz)

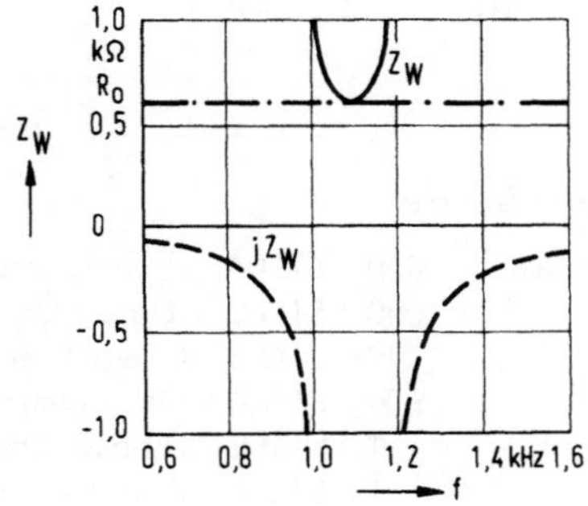

Bild 3.2.22 Wellenwiderstand eines Bandpasses in π-Schaltung ($R_0 = 600\ \Omega$, $f_{g1} = 1$ kHz, $f_{g2} = 1{,}2$ kHz)

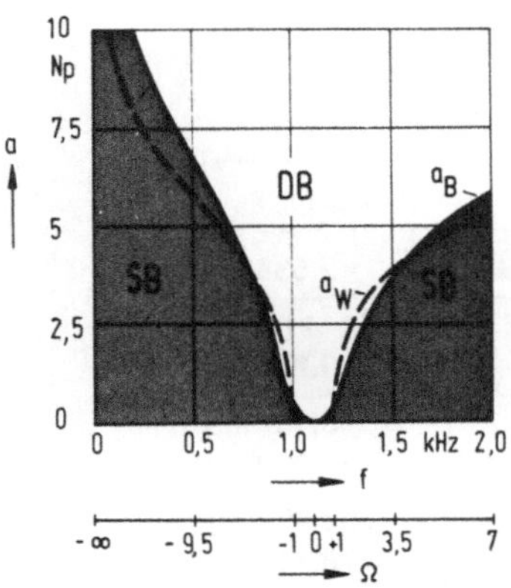

Bild 3.2.23 Wellen- und Betriebsdämpfung eines Bandpasses ($R_0 = 600\ \Omega$, $f_{g1} = 1$ kHz, $f_{g2} = 1{,}2$ kHz)

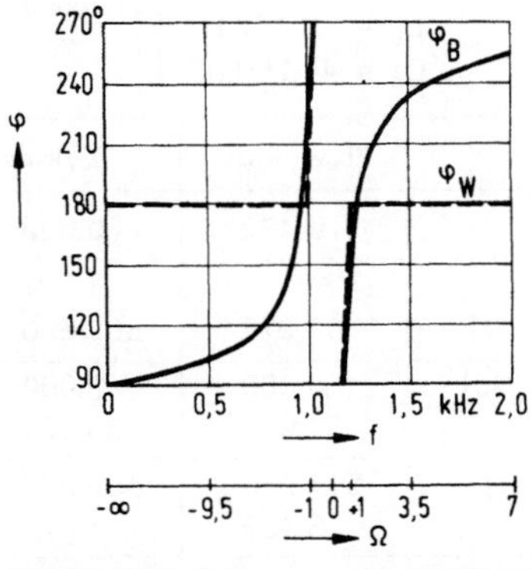

Bild 3.2.24 Phasengang der Wellen- und Betriebsübertragungsfunktion eines Bandpasses ($R_0 = 600\ \Omega$, $f_{g1} = 1$ kHz, $f_{g2} = 1{,}2$ kHz)

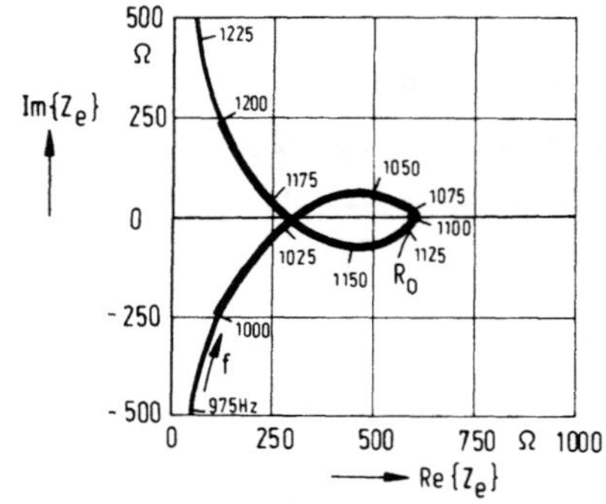

Bild 3.2.25 Eingangswiderstand eines Bandpasses in T-Schaltung (R_0 = 600 Ω, f_{g1} = 1 kHz, f_{g2} = 1,2 kHz)

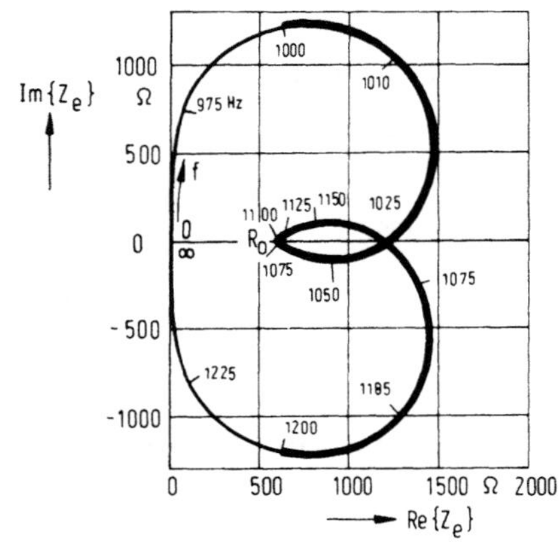

Bild 3.2.26 Eingangswiderstand eines Bandpasses in π-Schaltung (R_0 = 600 Ω, f_{g1} = 1 kHz, f_{g2} = 1,2 kHz)

d) Bandsperre

Eingaben:	600	STO A	(Kennwiderstand R_0 in Ohm)
	1000	STO B	(Untere Grenzfrequenz f_{g1} in Hz)
	1200	STO C	(Obere Grenzfrequenz f_{g2} in Hz)
	900	STO D	(Startfrequenz f in Hz)
	1	STO E	(Anpassungsfaktor q bzw. s)
	−1	STO I	(Schrittweite ΔΩ für den zyklischen Rechnungsablauf)

Start [E]: Programmvorbereitung für T-Schaltung (Flag 1 wird gelöscht)

Start [D]:

Ergebnisse:
L_a = 0,016 H
C_a = 1,326 μF
L_b = 0,477 H
C_b = 44,209 nF
} Halbglied

	1. Zyklus	2. Zyklus	3. Zyklus	4. Zyklus
Ω	0.462	−0.538	−1.538	−2.538
Z_W [Ω]	532.272	505.590	1111111111. 701.478	1111111111. 1399.915
a_W [Np] φ_W	0.000 54.973°	0.000 −65.158°	1.992 180.000	3.167 180.000°
Z_e [Ω] φ_e	511.050 −6.439°	452.860 7.473°	697.445 272.106°	1396.492 270.147°
a_B [Np] φ_B	0.005 55.165°	0.012 −65.475°	1.329 171.404°	2.797 136.501°

Rechenzeit rd. 20 Sekunden je Zyklus

Start [f][e]: Programmvorbereitung für π-Schaltung (Flag 1 wird gesetzt)

Start [D]:

Ergebnisse: L_a = 0,016 H, C_a = 1,326 μF, L_b = 0,477 H, C_b = 44,209 nF } Halbglied

	1. Zyklus	2. Zyklus	3. Zyklus	4. Zyklus
Ω	0.462	−0.536	−1.538	−2.538
Z_W in Ω	676.346	712.039	1111111111. −513.202	1111111111. −257.158
a_W in Np φ_W	0.000 54.973	0.000 −65.158	1.992 180.000	3.167 180.000
Z_e in Ω φ_e	704.432 6.439°	794.947 −7.473°	516.170 −272.106°	257.789 −270.147°
a_B in Np φ_B	0.005 55.165°	0.012 −65.475°	1.329 171.404°	2.797 136.501°

Rechenzeit rd. 20 Sekunden je Zyklus

Mit den berechneten Kenndaten für ein Halbglied gemäß Bild 3.2.2d lassen sich die Filterschaltungen in Bild 3.2.27 realisieren:

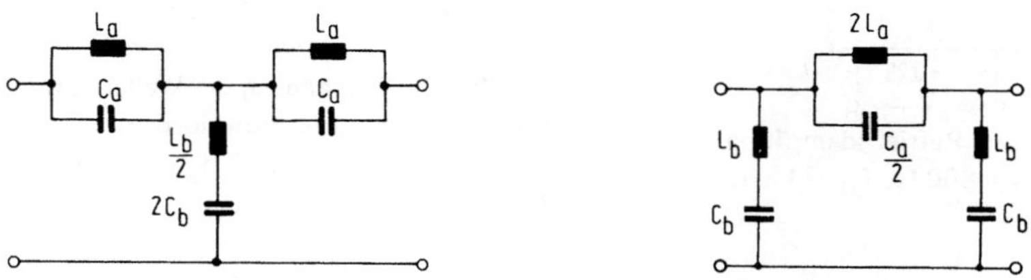

a) T-Schaltung

b) π-Schaltung

Bild 3.2.27 Bandsperre in T- und π-Schaltung für $R_0 = 600\,\Omega$, $f_{g1} = 1$ kHz, $f_{g2} = 1{,}2$ kHz

In den folgenden Bildern 3.2.28 bis 3.2.33 sind die berechneten Größen für die Bandsperre in Abhängigkeit von der Frequenz dargestellt.

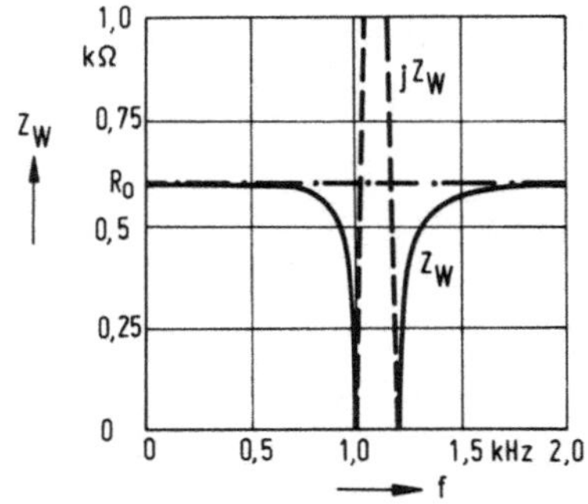

Bild 3.2.28 Wellenwiderstand einer Bandsperre in T-Schaltung ($R_0 = 600\ \Omega$, $f_{g1} = 1$ kHz, $f_{g2} = 1{,}2$ kHz)

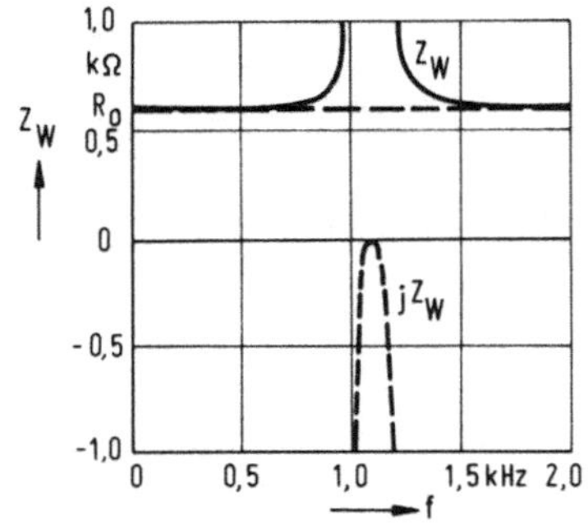

Bild 3.2.29 Wellenwiderstand einer Bandsperre in π-Schaltung ($R_0 = 600\ \Omega$, $f_{g1} = 1$ kHz, $f_{g2} = 1{,}2$ kHz)

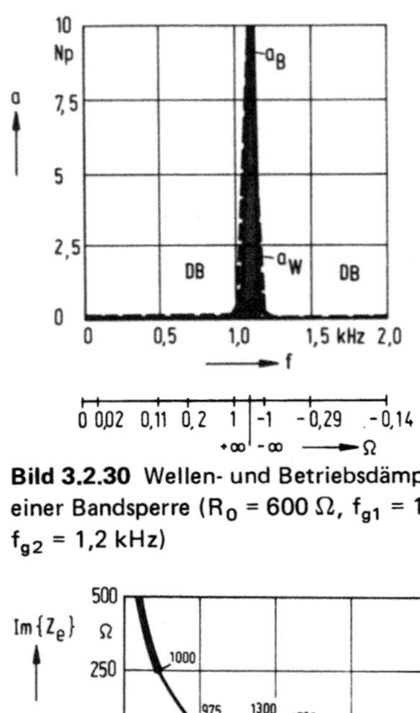

Bild 3.2.30 Wellen- und Betriebsdämpfung einer Bandsperre ($R_0 = 600\ \Omega$, $f_{g1} = 1$ kHz, $f_{g2} = 1{,}2$ kHz)

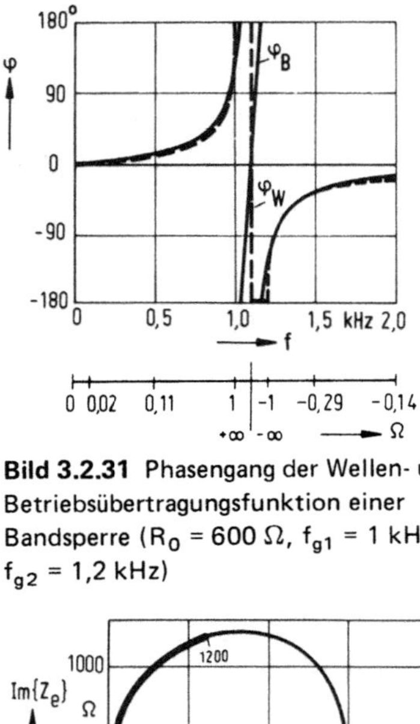

Bild 3.2.31 Phasengang der Wellen- und Betriebsübertragungsfunktion einer Bandsperre ($R_0 = 600\ \Omega$, $f_{g1} = 1$ kHz, $f_{g2} = 1{,}2$ kHz)

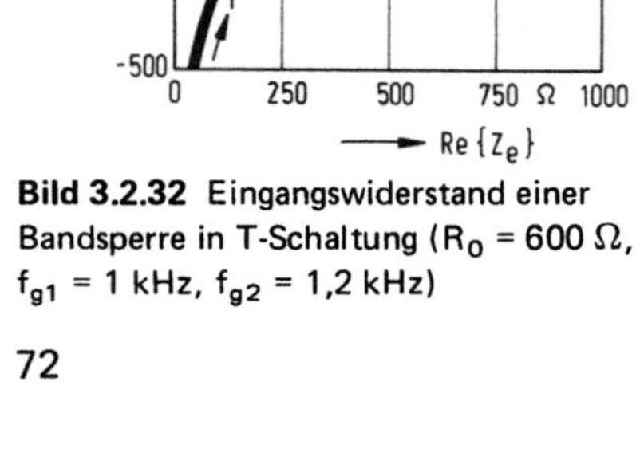

Bild 3.2.32 Eingangswiderstand einer Bandsperre in T-Schaltung ($R_0 = 600\ \Omega$, $f_{g1} = 1$ kHz, $f_{g2} = 1{,}2$ kHz)

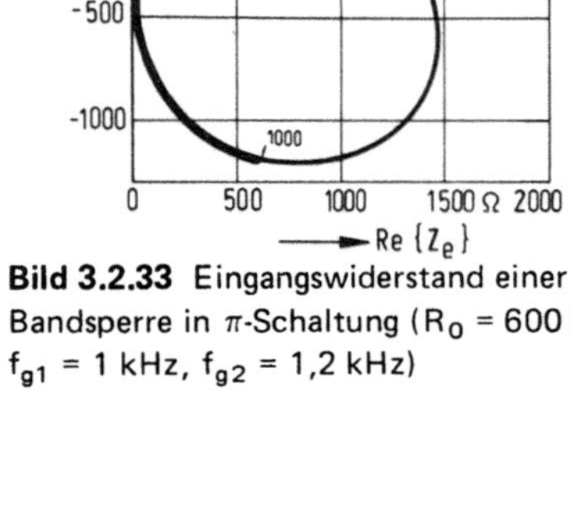

Bild 3.2.33 Eingangswiderstand einer Bandsperre in π-Schaltung ($R_0 = 600\ \Omega$, $f_{g1} = 1$ kHz, $f_{g2} = 1{,}2$ kHz)

3.3 Aktive Filter

Im Niederfrequenzbereich erfordert der Aufbau von Filtern mit passiven Bauelementen in Form von LC-Reaktanzvierpolen große Induktivitäten, die nur schwierig zu realisieren sind. Die Verwendung von Induktivitäten läßt sich jedoch umgehen, wenn man RC-Schaltungen mit einem gegengekoppelten Operationsverstärker als aktives Bauelement kombiniert. Derartige Schaltungen werden als aktive Filter bezeichnet. Im folgenden wird für die drei Grundtypen aktiver Filter: „Tiefpaß, Hochpaß und Bandpaß" das Übertragungsverhalten beschrieben sowie ein Programm zur Berechnung der Sprungantwort und des Frequenzganges entworfen [16, 17, 18].
Der Operationsverstärker als aktives Glied der Filterschaltung wird als Elektrometerverstärker, d.h. als Verstärker mit extrem hohem Innenwiderstand und definierter Grundverstärkung v_0 eingesetzt (Bild 3.3.1).

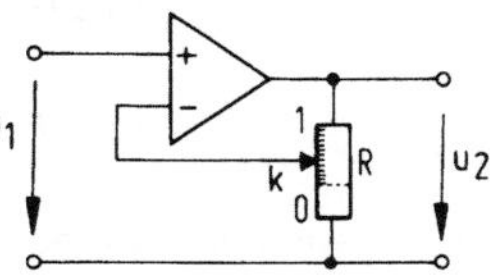

Bild 3.3.1
Operationsverstärker als Elektrometerverstärker mit einstellbarer Grundverstärkung v_0

Für die Grundverstärkung gilt:

$$v_0 = \frac{u_2}{u_1} = \frac{1}{k} \qquad (3.3.1)$$

Für $k = 0$ erreicht die Grundverstärkung die Leerlaufverstärkung des Operationsverstärkers. Der für die Filteranwendung wichtige Einstellbereich der Grundverstärkung liegt im Bereich $\frac{1}{3} \leqq k \leqq 1$ entsprechend $1 \leqq v_0 \leqq 3$. Durch den hohen Innenwiderstand des Operationsverstärkers wird die zu verstärkende Signalquelle praktisch nicht beeinflußt.

3.3.1 Aktiver Tiefpaß

Aus der Vielzahl möglicher Realisierungen aktiver Tiefpaßfilter wird als exemplarisches Beispiel für die Programmierung ein Filter 2. Ordnung mit Einfachmitkopplung gemäß Bild 3.3.2 ausgewählt [19, 20]. Der besseren Übersichtlichkeit wegen wird die interne Gegenkopplung des Operationsverstärkers zur Realisierung der einstellbaren Grundverstärkung v_0 gemäß Bild 3.3.1 in den Filterschaltungen nicht mehr besonders eingezeichnet.

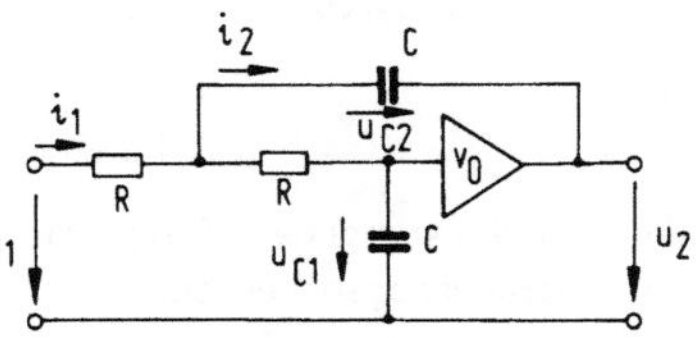

Bild 3.3.2
Aktives Tiefpaßfilter mit Einfachmitkopplung

Bei vorgegebener Eingangsspannung u_1 lassen sich für die beiden unbekannten Ströme i_1, i_2 und für die unbekannte Ausgangsspannung u_2 folgende drei Maschengleichungen formulieren:

$$u_1 = i_1 R + \frac{1}{C}\int i_2 \, dt + u_2 \tag{3.3.2}$$

$$u_1 = i_1 R + (i_1 - i_2) R + \frac{u_2}{v_0} \tag{3.3.3}$$

$$\frac{1}{C}\int (i_1 - i_2) \, dt = \frac{u_2}{v_0} \tag{3.3.4}$$

Durch Differentiation der Gln. (3.3.2 und 3.3.4) und Umordnung der Gl. (3.3.3) erhält man:

$$i_1' R + i_2 \frac{1}{C} + u_2' = u_1' \tag{3.3.5}$$

$$i_1 2R - i_2 R + u_2 \frac{1}{v_0} = u_1 \tag{3.3.6}$$

$$i_1 \frac{1}{C} - i_2 \frac{1}{C} - u_2' \frac{1}{v_0} = 0 \tag{3.3.7}$$

Aus diesem Differentialgleichungssystem erster Ordnung erhält man nach Elimination der Ströme i_1', i_1 und i_2 eine Differentialgleichung zweiter Ordnung für die Ausgangsspannung u_2:

$$u_2'' = \omega_0^2 \left[u_2' \frac{1}{\omega_0} (v_0 - 3) - u_2 + v_0 u_1 \right] \tag{3.3.8}$$

mit

$$\omega_0 = \frac{1}{RC}, \qquad f_0 = \frac{\omega_0}{2\pi} \tag{3.3.9a, b}$$

Zur Lösung dieser Differentialgleichung müssen die Anfangsbedingungen $u_2 (t = +0)$ und $u_2' (t = +0)$ bestimmt werden. Für die sprungförmige Eingangsspannung u_1 gilt:

$$u_1 (t) = \begin{cases} U_1 & \text{für } t \geqq 0 \\ 0 & \text{für } t < 0 \end{cases} \tag{3.3.10}$$

Unter der Voraussetzung, daß die beiden Kondensatoren zur Zeit $t = 0$ ungeladen sind, gilt:

$$u_2 (t = +0) = v_0 u_{c1} (0) = 0 \tag{3.3.11}$$

Aus der Gl. (3.3.7) folgt für die Ableitung der Ausgangsspannung:

$$u_2' = \frac{v_0}{C} (i_1 - i_2) \tag{3.3.12}$$

Da zur Zeit $t = 0$ wegen $u_2 (0) = 0$ der Ausgang wie kurzgeschlossen wirksam ist, muß $i_1 = i_2$ sein, so daß auch u_2' zur Zeit $t = +0$ gleich Null sein muß (der zweite Eingangswiderstand liegt dem ausgangsseitigen Kurzschluß parallel):

$$u_2' (t = +0) = 0 \tag{3.3.13}$$

Mit den formulierten Anfangsbedingungen kann das in Band 1 dieser Reihe angegebene Programm zur Lösung von Differentialgleichungen 2. Ordnung $y'' = f(x, y, y')$ herangezogen werden.
Der Frequenzgang ergibt sich durch Transformation der Differentialgleichung Gl. (3.3.8) in den Bildbereich mit $p = j\omega$:

$$p^2 u_2 = \omega_0^2 \left[p\, u_2 \frac{1}{\omega_0} (v_0 - 3) - u_2 + v_0 u_1 \right] \tag{3.3.14}$$

Damit ergibt sich für den Frequenzgang der Verstärkung v:

$$v = \frac{u_2}{u_1} = \frac{v_0}{1 - (\frac{\omega}{\omega_0})^2 + j\frac{\omega}{\omega_0}(3 - v_0)} \qquad (3.3.15)$$

Zur Normierung wird die Verstärkung v auf die Verstärkung $v(\omega = 0) = v_0$ bezogen:

$$V = \frac{v}{v_0} = \frac{1}{1 - (\frac{\omega}{\omega_0})^2 + j\frac{\omega}{\omega_0}(3 - v_0)} \qquad (3.3.16)$$

Die normierte Verstärkung V wird in der logarithmischen Maßeinheit Dezibel angegeben:

$$V^* = 20\,\text{db} \cdot \lg V \qquad (3.3.17)$$

Der Filtertyp wird durch die Grundverstärkung v_0 bestimmt. Für $v_0 = 3$ ergibt sich eine ungedämpfte Schwingung mit der Kennfrequenz $f_0 = \frac{1}{2\pi RC}$. In Abhängigkeit von der Grundverstärkung lassen sich folgende Filtertypen realisieren:

$v_0 = 1{,}268$	Bessel-Filter
$v_0 = 1{,}586$	Butterworth-Filter
$v_0 = 2{,}234$	3 db-Tschebyscheff-Filter
$v_0 = 3$	ungedämpfte Schwingung

3.3.2 Aktiver Hochpaß

Das im vorhergehenden Abschnitt beschriebene Tiefpaßfilter läßt sich in ein Hochpaßfilter umwandeln, indem man die Widerstände und Kondensatoren gegenseitig austauscht (Bild 3.3.3).

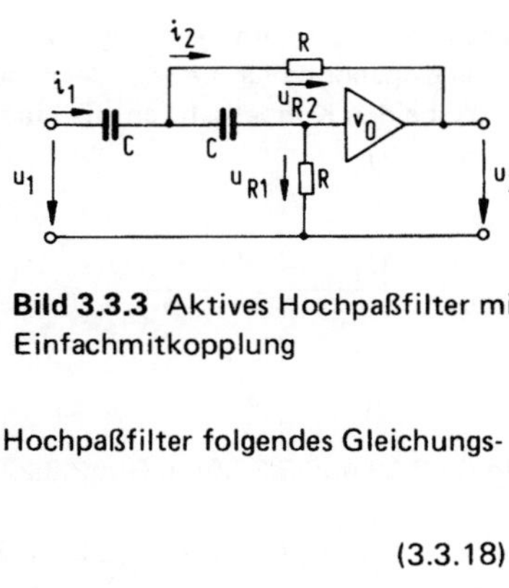

Bild 3.3.3 Aktives Hochpaßfilter mit Einfachmitkopplung

Analog zu den Gln. (3.3.2 bis 3.3.4) ergibt sich für das aktive Hochpaßfilter folgendes Gleichungssystem:

$$u_1 = \frac{1}{C}\int i_1\,dt + i_2 R + u_2 \qquad (3.3.18)$$

$$u_1 = \frac{1}{C}\int i_1\,dt + \frac{1}{C}\int (i_1 - i_2)\,dt + \frac{u_2}{v_0} \qquad (3.3.19)$$

$$u_2 = v_0 R (i_1 - i_2) \qquad (3.3.20)$$

Durch Differentiation der Gln. (3.3.18 und 3.3.19) und Umordnung erhält man:

$$i_1 \frac{1}{C} + i_2' R + u_2' = u_1' \qquad (3.3.21)$$

$$i_1 \frac{2}{C} - i_2 \frac{1}{C} + u_2' \frac{1}{v_0} = u_1' \qquad (3.3.22)$$

$$i_1 R - i_2 R - u_2 \frac{1}{v_0} = 0 \qquad (3.3.23)$$

Aus diesem Differentialgleichungssystem erhält man nach Elimination der Ströme i_1, i_2' und i_2 eine Differentialgleichung 2. Ordnung für die Ausgangsspannung u_2:

$$u_2'' = \omega_0^2 \left[u_2' \frac{1}{\omega_0} (v_0 - 3) - u_2 + \frac{v_0}{\omega_0^2} u_1'' \right] \tag{3.3.24}$$

mit

$$\omega_0 = \frac{1}{RC} \tag{3.2.25}$$

Die Gl. (3.3.24) unterscheidet sich von der entsprechenden Gl. (3.3.8) lediglich in dem letzten Term durch $\frac{u_1''}{\omega_0^2}$ gegenüber u_1 in Gl. (3.3.8). Dadurch kann zur Berechnung der Sprungantwort des Hochpaßfilters ein strukturell gleiches Programm wie zur Berechnung der Sprungantwort des Tiefpaßfilters benutzt werden. Wesentliche Unterschiede ergeben sich jedoch bei den Anfangsbestimmungen $u_2\,(t = +0)$ und $u_2'\,(t = +0)$:

Unter der Voraussetzung ungeladener Kondensatoren zur Zeit $t = 0$ wird der Eingangssprung unmittelbar am parallelen Eingangswiderstand des Operationsverstärkers wirksam, so daß am Ausgang der mit v_0 verstärkte Spannungssprung erscheint:

$$u_2\,(t = +0) = v_0\, U_1 \tag{3.3.26}$$

Aus Gl. (3.3.22) folgt für die zeitliche Ableitung der Ausgangsspannung:

$$u_2' = v_0\, u_1' + i_2 \frac{v_0}{C} - i_1 \frac{2\, v_0}{C} \tag{3.3.27}$$

Wegen der sprungförmigen Eingangsspannung gemäß Gl. (3.3.10) ist die zeitliche Ableitung der Eingangsspannung für $t = +0$ gleich null.

Da die beiden Kondensatoren wie kurzgeschlossen wirksam sind, gilt für die Ströme i_1 und i_2:

$$i_1 = \frac{U_1}{R} + i_2 \tag{3.3.28}$$

$$i_2 = \frac{U_1 - u_2}{R} = \frac{U_1 - v_0\, U_1}{R} = \frac{U_1}{R} (1 - v_0) \tag{3.3.29}$$

$$i_1 = \frac{U_1}{R} (2 - v_0) \tag{3.3.30}$$

Gln. (3.3.29 und 3.3.30) in Gl. (3.3.27) eingesetzt ergibt:

$$u_2' = \frac{U_1}{RC} v_0 (1 - v_0) - \frac{U_1}{RC} 2\, v_0 (2 - v_0) \tag{3.3.31}$$

$$u_2'\,(t = +0) = U_1\, \omega_0\, v_0\, (v_0 - 3) \tag{3.3.32}$$

Mit den Gln. (3.3.26 und 3.3.32) sind die beiden Anfangsbedingungen zur numerischen Lösung der Differentialgleichung Gl. (3.3.24) mit dem vorhin schon angesprochenen Lösungsprogramm erklärt.

Der Frequenzgang ergibt sich wieder durch Transformation der Differentialgleichung Gl. (3.3.24) in den Bildbereich mit $p = j\omega$:

$$p^2\, u_2 = \omega_0^2 \left[p\, u_2 \frac{1}{\omega_0} (v_0 - 3) - u_2 + v_0 \frac{p^2}{\omega_0^2} u_1 \right] \tag{3.3.33}$$

Für den Frequenzgang der Verstärkung ergibt sich:

$$v = \frac{u_2}{u_1} = \frac{v_0}{1 - \left(\frac{\omega_0}{\omega}\right)^2 + j\frac{\omega_0}{\omega}(v_0 - 3)} \quad (3.3.34)$$

Hier wird zur Normierung als Bezugsgröße die Verstärkung bei $\omega = \infty$ mit $v(\omega = \infty) = v_0$ gewählt.

$$V = \frac{v}{v_0} = \frac{1}{1 - \left(\frac{\omega_0}{\omega}\right)^2 + j\frac{\omega_0}{\omega}(v_0 - 3)} \quad (3.3.35)$$

Für die Umrechnung der normierten Verstärkung in Dezibel gilt wieder Gl. (3.3.17).

3.3.3 Aktiver Bandpaß

Ein Bandpaß als selektives Filter entsteht durch die Kombination eines Tiefpaß- mit einem Hochpaßfilter (Bild 3.3.4).

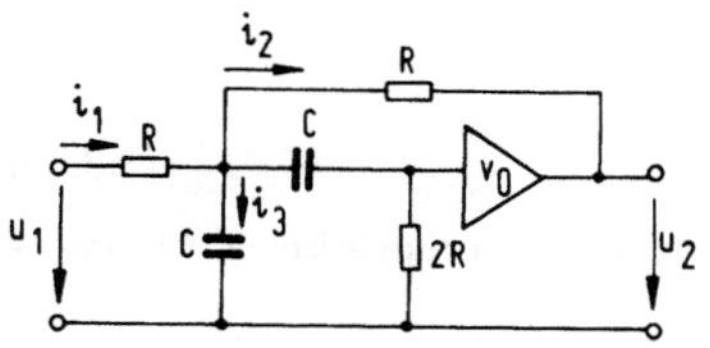

Bild 3.3.4
Aktives Bandpaßfilter mit Einfachmitkopplung

Das Bandpaßfilter läßt sich durch vier Maschengleichungen beschreiben:

$$u_1 = i_1 R + \frac{1}{C}\int i_3 \, dt \quad (3.3.36)$$

$$u_1 = i_1 R + \frac{1}{C}\int (i_1 - i_2 - i_3)\, dt + \frac{u_2}{v_0} \quad (3.3.37)$$

$$(i_1 - i_2 - i_3)\, 2R = \frac{u_2}{v_0} \quad (3.3.38)$$

$$i_1 R + i_2 R + u_2 = u_1 \quad (3.3.39)$$

Durch Differentiation der Integralgleichungen und Umordnung ergibt sich:

$$i_1' R + i_3 \frac{1}{C} = u_1' \quad (3.3.40)$$

$$i_1' R + \frac{u_2}{2RC\, v_0} + \frac{u_2'}{v_0} = u_1' \quad (3.3.41)$$

$$i_1 2R - i_2 2R - i_3 2R - \frac{u_2}{v_0} = 0 \quad (3.3.42)$$

$$i_1 R + i_2 R + u_2 = u_1 \quad (3.3.43)$$

Nach Elimination der Ströme erhält man:

$$u_2'' = \omega_0^2 \left[u_2' \frac{1}{\omega_0}(v_0 - 3) - u_2 + \frac{v_0}{\omega_0} u_1'\right] \quad (3.3.44)$$

Auch die Gl. (3.3.44) stimmt im strukturellen Aufbau mit den entsprechenden Gleichungen für den aktiven Tiefpaß Gl. (3.3.8) und den aktiven Hochpaß Gl. (3.3.24) überein. Hier erscheint lediglich die Eingangsspannung u_1 in der Form der ersten Ableitung nach der Zeit dividiert durch ω_0.
Zur Lösung der Differentialgleichung Gl. (3.3.44) müssen wieder die Anfangsbedingungen $u_2\,(t=+0)$ und $u_2'\,(t=+0)$ bestimmt werden. Bei energielosen Kondensatoren ist der Eingang des Operationsverstärkers als kurzgeschlossen wirksam, so daß die Ausgangsspannung zur Zeit $t=+0$ auch gleich null sein muß:

$$u_2\,(t=+0)=0 \qquad (3.3.45)$$

Aus Gl. (3.3.41) folgt für die zeitliche Ableitung der Ausgangsspannung:

$$u_2' = u_1'\,v_0 - u_2\,\frac{1}{2RC} - i_1'\,R\,v_0 \qquad (3.3.46)$$

$$u_2' = -\,i_1'\,R\,v_0 \qquad (3.3.47)$$

Aus Gl. (3.3.40) folgt für die zeitliche Ableitung des Stromes i_1:

$$i_1' = \frac{u_1'}{R} - \frac{1}{RC}\,i_3 = -\,\frac{1}{RC}\,\frac{U_1}{R} \qquad (3.3.48)$$

Gl. (3.3.48) in Gl. (3.3.47) eingesetzt ergibt:

$$u_2'\,(t=+0) = U_1\,\omega_0\,v_0 \qquad (3.3.49)$$

Mit den Gln. (3.3.45 und 3.3.49) sind die beiden Anfangsbedingungen zur numerischen Lösung der Differentialgleichung Gl. (3.3.44) erklärt.
Der Frequenzgang ergibt sich wieder durch Transformation der Differentialgleichung Gl. (3.3.44) in den Bildbereich mit $p=j\omega$:

$$p^2\,u_2 = \omega_0^2\left[p\,u_2\,\frac{1}{\omega_0}\,(v_0-3) - u_2 + v_0\,\frac{p}{\omega_0}\,u_1\right] \qquad (3.3.50)$$

Für den Frequenzgang der Verstärkung ergibt sich:

$$v = \frac{u_2}{u_1} = \frac{v_0}{3 - v_0 + j\left(\frac{\omega}{\omega_0} - \frac{\omega_0}{\omega}\right)} \qquad (3.3.51)$$

Hier wird zur Normierung als Bezugsgröße die Verstärkung bei der Bandmittenfrequenz $\omega=\omega_0$ mit $\frac{v_0}{3-v_0}$ gewählt.

$$V = \frac{v}{v_0}\,(3-v_0) = \frac{1}{1 + j\,\dfrac{\frac{\omega}{\omega_0} - \frac{\omega_0}{\omega}}{3-v_0}} \qquad (3.3.52)$$

Für die Umrechnung der normierten Verstärkung in Dezibel gilt wieder Gl. (3.3.17).
Die Bandgrenzen sind definiert als diejenigen Frequenzen, bei denen die Verstärkung auf das $\frac{1}{\sqrt{2}}$fache (entsprechend 3 db) abgesunken ist. Setzt man hierzu den Imaginärteil im Nenner von Gl. (3.3.52) gleich ± 1, so ergibt sich aus der Differenz zweier quadratischer Gleichungen als Bandbreite B für den aktiven Bandpaß:

$$B = f_0\,(3-v_0) \qquad (3.3.53)$$

Im ungedämpften Fall mit $v_0=3$ geht die Bandbreite des selektiven Filters gegen null. Dieser Sachverhalt ist anhand der Ergebnisse in Bild 3.3.12 noch besonders zu beobachten.

3.3.4 Programmbeschreibung „Sprungantwort aktiver Filter"

Die Anweisungsliste zur Berechnung der Sprungantwort aktiver Tiefpaß-, Hochpaß- und Bandpaßfilter ist in Tabelle 3.3.1 angegeben. Als Startadressen sind die Label A, B und C vorgesehen. Zunächst werden die jeweiligen Anfangsbedingungen u_2 (t = + 0) und u_2' (t = + 0) berechnet. Diese Berechnungen sind mit dem Sprung nach Label 0 in Zeile 033 abgeschlossen. Hierzu sind in STO A die Grundverstärkung v_0, in STO B die Kennfrequenz f_0 und in STO C die Höhe des Eingangssprungs U_1 abgespeichert. Die gewählte Schrittweite Δt wird in STO D vorgegeben. Das Programm besteht von Label b in Zeile 037 bis zur Zeile 185 aus dem allgemeinen Programm zur Lösung von Differentialgleichungen 2. Ordnung aus Band 1 dieser Reihe gemäß der dortigen Tabelle 4.5.2. Lediglich zur Normierung der Ausgangsspannung auf v_0 sind die Anweisungen 146 und 147 eingefügt. Die im Unterprogramm Label a von Zeile 150 bis 185 eingebaute automatische Schrittweitensteuerung erweist sich hier als besonders vorteilhaft. Die Differentialgleichung $u_2'' = f(t, u_2, u_2')$ ist in dem Unterprogramm Label E von Zeile 186 bis Zeile 204 eingebaut. Der Funktionswert $f(u_1)$ wird über STO 9 zur Verfügung gestellt. Das Unterprogramm Label c dient zur Berechnung der Kreisfrequenz ω_0 (in STO 8 abgespeichert) aus der in STO B abgelegten Kennfrequenz f_0.

3.3.5 Programmbeschreibung „Amplituden- und Phasengang"

Die Berechnung von Amplituden- und Phasengang der drei aktiven Filterarten Tief-, Hoch- und Bandpaß wird in einem Programm gemäß Tabelle 3.3.2 zusammengefaßt. Bei Start über Label A wird ein Tiefpaßfilter gemäß Gl. (3.3.16), bei Start über Label B wird ein Hochpaßfilter gemäß Gl. (3.3.35) und bei Start über Label C wird ein Bandpaßfilter gemäß Gl. (3.3.52) berechnet. Zur Kennzeichnung der jeweiligen Filterart werden unmittelbar nach dem Programmaufruf die beiden Flags 0 und 1 in folgende definierte Zustände gebracht:

	TP	HP	BP
Flag 0	1	0	1
Flag 1	1	1	0

Der mit 1 bezeichnete Zustand bedeutet Flag x gesetzt und der mit 0 bezeichnete Zustand bedeutet Flag x nicht gesetzt.
Das gemeinsame Unterprogramm beginnt mit Label 3 in Zeile 016 und endet mit der Rücksprunganweisung in Zeile 078. Vor dem Programmaufruf muß der Verstärkungsfaktor v_0 in STO A und die Kennfrequenz f_0 in STO B eingegeben werden. Für zyklisch fortschreitende Berechnungen kann in STO D die Schrittweite Δf eingegeben werden. Als Startfrequenz wird der im X-Register vorhandene Wert genommen. In den Zeilen 017, 018 wird der jeweils aktuelle Frequenzwert angezeigt bzw. ausgegeben. Die Verstärkung wird als Amplitudenverhältnis u_2/u_1 in einer kurzen Pause in Zeile 056 angezeigt. Anschließend wird die normierte Verstärkung in db berechnet und in Zeile 070 ausgegeben. Der Phasenwinkel in Grad wird in Zeile 073 ausgegeben. Mit Hilfe der Speicherregisterarithmetik-Anweisung in Zeile 076 wird der um Δf erhöhte Frequenzwert in STO 0 gebildet und der nächste Berechnungszyklus gestartet.

Tabelle 3.3.1 Anweisungsliste „Sprungantwort aktiver Filter"

Tiefpaß	001	*LBLA	054	+		107	+			160	ABS	
	002	RCLC	055	RCL5		108	RCLD			161	.	
	003	STO9	056	4		109	RCL1			162	1	
	004	0	057	÷		110	+			163	5	
	005	STO2	058	RCLD		111	GSBE			164	X>Y?	
	006	STO3	059	RCL3		112	RCLE			165	GTO1	
	007	GTO0	060	×		113	×			166	.	
Hochpaß	008	*LBLB	061	2		114	RCL7			167	5	
	009	RCLA	062	÷		115	RCL6			168	SF0	
	010	STO2	063	+		116	ST+4			169	GTO2	
	011	3	064	RCL2		117	+			170	*LBL1	
	012	-	065	+		118	2			171	R↓	
	013	GSBc	066	STO4		119	×			172	.	
	014	×	067	RCLD		120	+			173	0	
	015	RCLC	068	2		121	RCL5			174	5	
	016	×	069	÷		122	ST+4			175	X≤Y?	
	017	RCLA	070	RCL1		123	+			176	GTO2	
	018	×	071	+		124	3			177	2	
	019	STO3	072	STO0		125	÷			178	SF0	
	020	0	073	GSBE		126	STO0			179	*LBL2	
	021	STO9	074	RCLE		127	3			180	RCLD	
	022	GTO0	075	×		128	ST÷4			181	F0?	
Bandpaß	023	*LBLC	076	STO6		129	RCL4			182	×	
	024	GSBc	077	RCLD		130	RCL3			183	PSE	⇒ Δt
	025	RCLC	078	÷		131	RCLD			184	STOD	
	026	×	079	RCL3		132	×			185	RTN	
	027	RCLA	080	+		133	+		UP	186	*LBLE	
	028	×	081	RCL4		134	ST+2			187	R↓	
	029	STO3	082	RCL0		135	RCL0			188	CHS	
	030	0	083	GSBE		136	RCLD			189	RCLA	
	031	STO2	084	RCLE		137	ST+1			190	RCL9	
	032	STO9	085	×		138	÷			191	×	
	033	*LBL0	086	STO7		139	ST+3			192	+	
	034	STO1	087	STO4		140	RCL1			193	X⇄Y	
	035	GSBc	088	F1?		141	SPC			194	RCL8	
	036	STO8	089	GTO0		142	PSE			195	÷	
	037	*LBLb	090	GSBa		143	PRTX	⇒ t		196	RCLA	
	038	RCLD	091	F0?		144	RCL2			197	3	
	039	X²	092	GTOb		145	PSE	⇒ u_2		198	-	
	040	2	093	*LBL0		146	RCLA			199	×	
	041	÷	094	RCL7		147	÷			200	+	
	042	STOE	095	2		148	PRTX	⇒ $\frac{u_2}{v_0}$		201	RCL8	
	043	RCL3	096	×		149	GTOb			202	X²	
	044	RCL2	097	RCLD	UP	150	*LBLa			203	×	
	045	RCL1	098	÷		151	RCL7			204	RTN	
	046	CF0	099	RCL3		152	RCL6		UP	205	*LBLc	
	047	GSBE	100	+		153	X=Y?			206	RCLB	
	048	RCLE	101	RCL7		154	GTO2			207	2	
	049	×	102	RCL3		155	-			208	×	
	050	STO5	103	RCLD		156	RCL6			209	Pi	
	051	RCLD	104	×		157	RCL5			210	×	
	052	÷	105	+		158	-			211	RTN	
	053	RCL3	106	RCL2		159	÷					

3.3.6 Test- und Anwendungsbeispiele

Es sei die Sprungantwort, der Amplitudengang und der Phasengang aktiver Tiefpaß-, Hochpaß- und Bandpaßfilter mit der Kennfrequenz $f_0 = 100$ Hz für die Filtertypen Bessel mit $v_0 = 1{,}268$, Butterworth mit $v_0 = 1{,}568$, Tschebyscheff mit $v_0 = 2{,}234$ und für den ungedämpften Fall mit $v_0 = 3$ zu berechnen.
Eingaben für die Berechnung der Sprungantwort mit dem Programm nach Tabelle 3.3.1:

$$v_0 = \left\{ \begin{matrix} 1{,}268 \\ 1{,}568 \\ 2{,}234 \\ 3{,}000 \end{matrix} \right\} \text{ in STO A}$$

$f_0 = 100$ Hz in STO B
$U_1 = 1$ V in STO C
$\Delta t = 0{,}001$ s in STO D

Start [A]: Tiefpaß

Ergebnisse:

v_0	Bessel-Filter 1,268 STO A	Tschebyscheff-Filter 2,234 STO A	ungedämpftes Filter 3 STO A
t	0,0003 s[1)]	0,0005 s[2)]	0,0010 s[3)]
$u_2/(u_1\ v_0)$	0,0113	0,0452	0,1909
t	0,0005 s	0,0010 s	0,0020 s
$u_2/(u_1\ v_0)$	0,0412	0,1639	0,6905
t	0,0008 s	0,0015 s	0,0030 s
$u_2/(u_1\ v_0)$	0,0846	0,3299	1,3081
t	0,0010 s	0,0020 s	0,0040 s
$u_2/(u_1\ v_0)$	0,1375	0,5186	1,8080
t	0,0013 s	0,0025 s	0,0050 s
$u_2/(u_1\ v_0)$	0,1963	0,7089	1,9995[4)]
t	0,0015 s	0,0030 s	0,0060 s
$u_2/(u_1\ v_0)$	0,2584	0,8838	1,8095

1) Durch die automatische Schrittweitensteuerung wurde die in STO D mit 0,001 vorgegebene Schrittweite durch zweimalige Halbierung auf 0,00025 reduziert.

2) Durch die automatische Schrittweitensteuerung wurde die in STO D mit 0,001 vorgegebene Schrittweite durch einmalige Halbierung auf 0,0005 reduziert.

3) Hier wurde die vorgegebene Schrittweite unverändert übernommen.

4) Der Rechenfehler im ungedämpften Fall beträgt nach dem 5ten Berechnungszyklus 0,05 %. Dieser ist durch Vergleichsrechnungen mit kleinerer Schrittweite nachweisbar.

Die Ergebnisse sind in Bild 3.3.5 mit den Kennlinien für Bessel-Filter a) Butterworth b) Tschebyscheff c) und den ungedämpften Fall d) aufgetragen.

Tabelle 3.3.2 Anweisungsliste „Amplituden- und Phasengang aktiver Filter"

```
Tiefpaß   001  *LBLA       040   F1?
          002   SF0        041   GTO0
          003   SF1        042   GTO1
          004   GSB3       043  *LBL0
          005   GTOA       044   x
Hochpaß   006  *LBLB       045   1
          007   CF0        046   RCL1
          008   SF1        047   X²
          009   GSB3       048   -
          010   GTOB       049  *LBL1
Bandpaß   011  *LBLC       050   →P
          012   SF0        051   1/X
          013   CF1        052   ENT↑
          014   GSB3       053   ENT↑
          015   GTOC       054   RCLA
UP        016  *LBL3       055   x
          017   PSE        056   PSE  ⇒ υ
          018   PRTX ⇒ f   057   R↓
          019   STO0       058   F1?
          020   RCLB       059   GTO0
          021   ÷          060   3
          022   F0?        061   ENT↑
          023   GTO0       062   RCLA
          024   1/X        063   -
          025  *LBL0       064   x
          026   STO1       065  *LBL0
          027   F1?        066   LOG
          028   GTO0       067   2
          029   ENT↑       068   0
          030   1/X        069   x
          031   -          070   PRTX ⇒ υ*
          032  *LBL0       071   X⇄Y
          033   3          072   CHS
          034   RCLA       073   PRTX ⇒ φ
          035   -          074   SPC
          036   F0?        075   RCLD
          037   GTO0       076   ST+0
          038   CHS        077   RCLG
          039  *LBL0       078   RTN
                           079   R/S
```

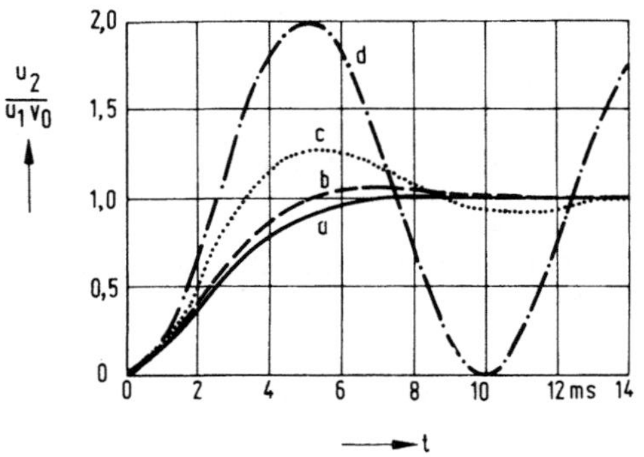

Kurve a) $v_0 = 1{,}268$ (Bessel-Filter)
Kurve b) $v_0 = 1{,}568$ (Butterworth-Filter)
Kurve c) $v_0 = 2{,}234$ (Tschebyscheff-Filter)
Kurve d) $v_0 = 3{,}000$ (ungedämpfte Filter)

Bild 3.3.5 Normierte Sprungantwort aktiver Tiefpaßfilter mit $f_0 = 100$ Hz und der Verstärkung v_0 als Parameter

Start [B]: Hochpaß

Die Ergebnisse sind in Bild 3.3.6 für die verschiedenen Filtertypen aufgetragen.

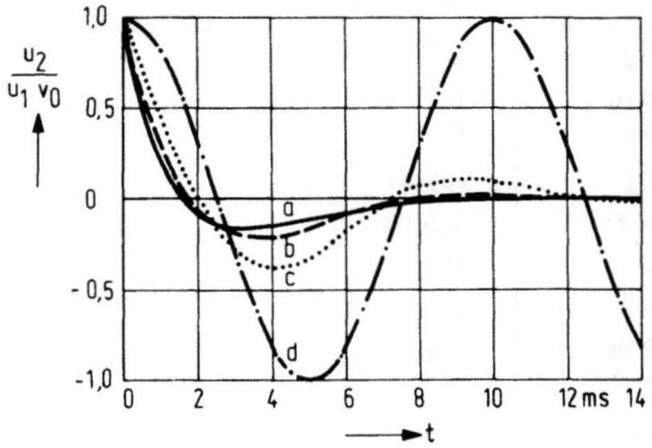

Bild 3.3.6
Normierte Sprungantwo
paßfilter mit f_0 = 100 H
stärkung v_0 als Paramet
siehe Bild 3.3.5)

Start [C]: Bandpaß

Die Ergebnisse sind in Bild 3.3.7 für die verschiedenen Filtertypen aufgetragen.

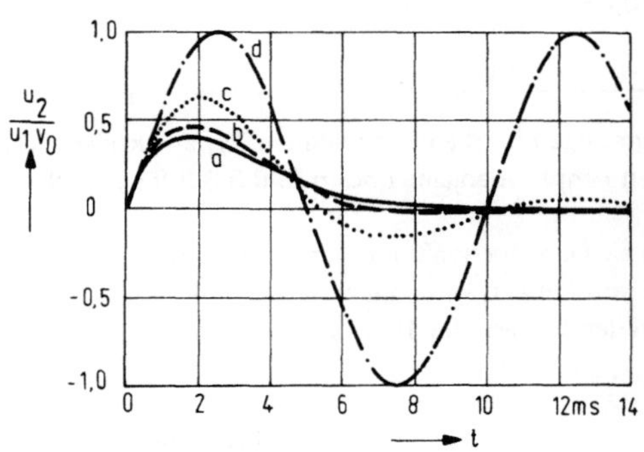

Bild 3.3.7
Normierte Sprungantw
paßfilter mit f_0 = 100 H
stärkung v_0 als Parame
siehe Bild 3.3.5)

Die Berechnung von Amplitudengang und Phasengang erfolgt mit dem Programm
Tabelle 3.3.2. Hierzu sind folgende Eingaben erforderlich:

Grundverstärkung	$v_0 = \begin{Bmatrix} 1{,}268 \\ 1{,}568 \\ 2{,}234 \\ 3{,}000 \end{Bmatrix}$	in STO A
Kennfrequenz	f_0 = 100 Hz	in STO B
Schrittweite	Δf = 25 Hz	in STO D
Anfangswert der Frequenz	f = 25 Hz	im X-Register

Start [A]: Tiefpaß

Ergebnisse:

v_0	1,268 STO A	2,234 STO A	3 STO A
f	25 Hz	25 Hz	25 Hz
V*	–0,28 db	0,38 db	0,56 db
φ	–24,79°	–11,54°	0°
f	50 Hz	50 Hz	50 Hz
V*	–1,18 db	1,49 db	2,50 db
φ	–49,11°	–27,05°	0°
f	75 Hz	75 Hz	75 Hz
V*	–2,74 db	2,83 db	7,18 db
φ	–71,39°	–52,71°	0°
f	100 Hz	100 Hz	100 Hz
V*	–4,77 db	2,32 db	Error wegen v → ∞
φ	–90,00°	–90,00°	Nach CL x Eingabe 125
			Start [A]:
f	125 Hz	125 Hz	125 Hz
V*	–6,99 db	–0,91 db	5,00 db
φ	104,56°	–120,43°	–180°
⋮	⋮	⋮	⋮

Die Ergebnisse der Frequenzgangberechnungen für die verschiedenen Typen aktiver Tiefpaßfilter sind als Diagramme in Bild 3.3.8 für den Amplitudengang und in Bild 3.3.9 für den Phasengang dargestellt.

Die entsprechenden Ergebnisse für den aktiven Hochpaß und den aktiven Bandpaß werden durch Aufruf der Programmadressen Label B und Label C gewonnen.

Die Ergebnisse sind für den Hochpaß in den Bildern 3.3.10, 3.3.11 und für den Bandpaß in den Bildern 3.3.12, 3.3.13 dargestellt.

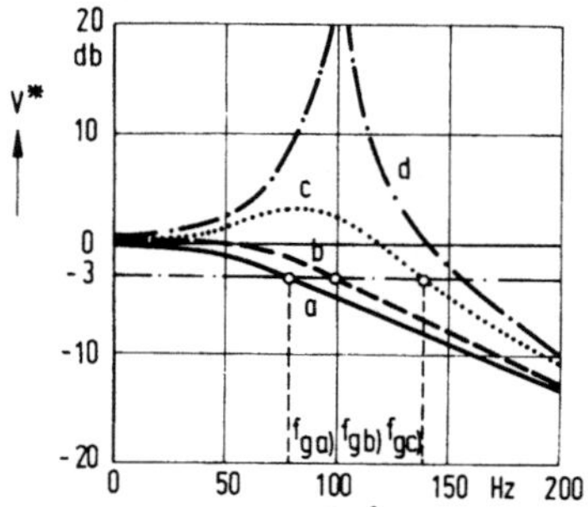

Bild 3.3.8 Normierte Verstärkung V* eines aktiven Tiefpaßfilters mit f_0 = 100 Hz und der Verstärkung v_0 als Parameter (Parameter siehe Bild 3.3.5)

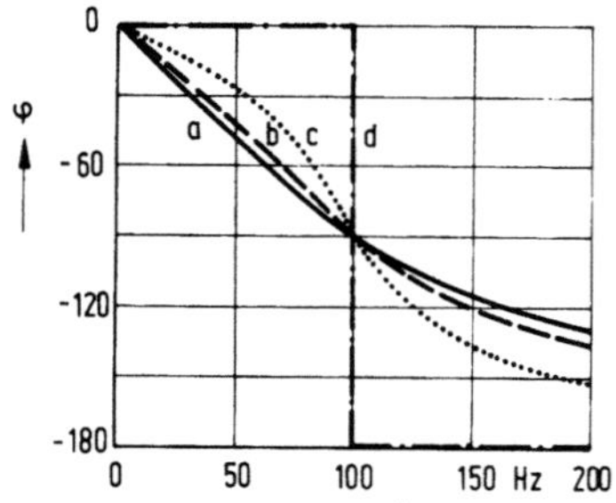

Bild 3.3.9 Phasengang der Verstärkung eines aktiven Tiefpaßfilters mit f_0 = 100 Hz und der Verstärkung v_0 als Parameter (Parameter siehe Bild 3.3.5)

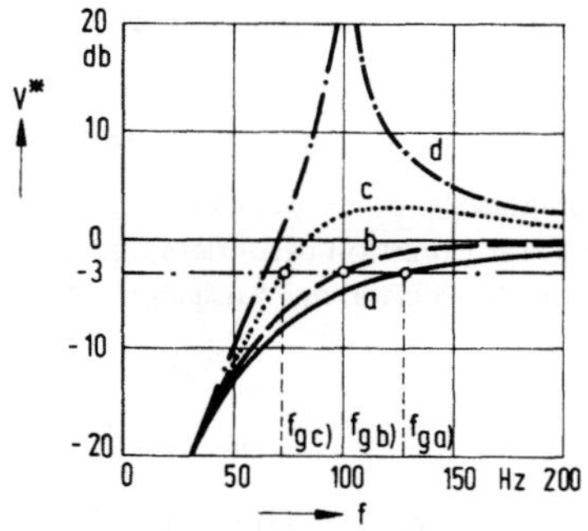

Bild 3.3.10 Normierte Verstärkung eines aktiven Hochpaßfilters mit f_0 = 100 Hz und der Verstärkung v_0 als Parameter (Parameter siehe Bild 3.3.5)

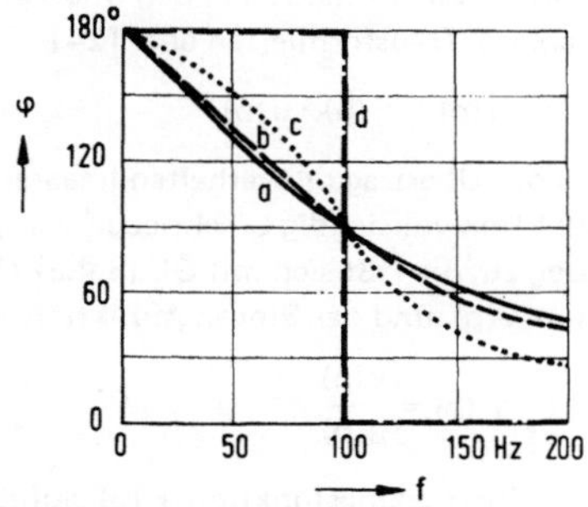

Bild 3.3.11 Phasengang der Verstärkung eines aktiven Hochpaßfilters mit f_0 = 100 Hz und Verstärkung v_0 als Parameter (Parameter siehe Bild 3.3.5)

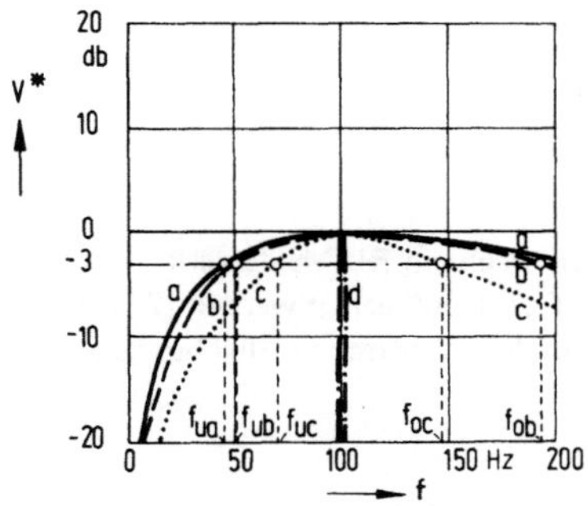

Bild 3.3.12 Normierte Verstärkung eines aktiven Bandpaßfilters mit f_0 = 100 Hz und der Verstärkung v_0 als Parameter (Parameter siehe Bild 3.3.5)

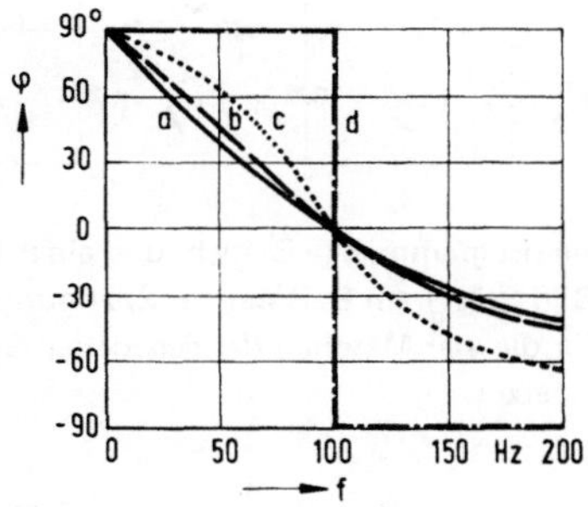

Bild 3.3.13 Phasengang eines aktiven Bandpaßfilters mit f_0 = 100 Hz und der Verstärkung v_0 als Parameter (Parameter siehe Bild 3.3.5)

3.4 Übertragungsverhalten elektrischer Netzwerke

3.4.1 Übertragungsfunktion

Die Übertragungsfunktion F(p) ist die Laplace Transformierte der Gewichtsfunktion g(t) eines linearen zeitinvarianten Übertragungsgliedes [21, 22, 23]. Das Faltungsintegral der Gewichtsfunktion mit der Eingangsgröße u(t) ergibt die Ausgangsgröße v(t):

$$v(t) = \int_0^t g(t-\tau)\, u(\tau)\, d\tau = g(t) * u(t) \tag{3.4.1}$$

Durch Transformation in den Bildbereich geht das Faltungsprodukt in eine Multiplikation der Laplace-Transformierten über [24]:

$$v(p) = F(p) \cdot u(p) \tag{3.4.2}$$

Da das Übertragungsverhalten linearer zeitinvarianter Übertragungsglieder durch die Übertragungsfunktion vollständig beschrieben wird, kommt der Berechnung dieser Funktion besondere Bedeutung zu. Sie läßt sich mit Gl. (3.4.2) als Quotient der Laplace-Transformierten der Ausgangsfunktion $v(p)$ und der Eingangsfunktion $u(p)$ bestimmen:

$$F(p) = \frac{v(p)}{u(p)} \tag{3.4.3}$$

Die Übertragungsfunktion $F(p)$ auf der imaginären Achse $p = j\omega$ der komplexen p-Ebene heißt Frequenzgang $F(j\omega)$ [25]. Der Frequenzgang ist besonders bei elektrischen Netzwerken von Bedeutung, da er das Übertragungsverhalten des Netzwerkes durch Amplitudengang und Phasengang beschreibt. Beide Kennlinien können mit Hilfe von Frequenzanalysatoren aus einem erregenden kontinuierlichen Frequenzspektrum aufgenommen werden.

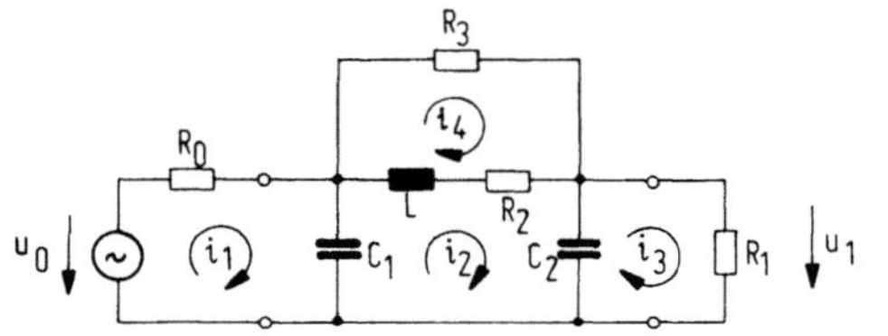

Bild 3.4.1
RLC-Netzwerk

Die programmierte Berechnung einer Übertragungsfunktion soll an einem RLC-Netzwerk (Bild 3.4.1) am Beispiel der Spannungs-Übertragungsfunktion $F_u(p)$ aufgezeigt werden [26]: Für die vier Maschen des gegebenen Systems lassen sich folgende Kirchhoffschen Gleichungen angeben:

$$\begin{aligned}
&-u_0 + R_0\, i_1 + \frac{1}{C_1}\int_0^t (i_1 - i_2)\, d\tau &&= 0\\
&\frac{1}{C_1}\int_0^t (i_2 - i_1)\, d\tau + L\frac{d}{dt}(i_2 - i_4) + R_2 (i_2 - i_4) + \frac{1}{C_2}\int_0^t (i_2 - i_3)\, d\tau &&= 0\\
&\frac{1}{C_2}\int_0^t (i_3 - i_2)\, d\tau + R_1\, i_3 &&= 0 \qquad (3.3.1)\\
&R_3\, i_4 + R_2 (i_4 - i_2) + L\frac{d}{dt}(i_4 - i_2) &&= 0\\
&R_1\, i_3 &&= u_1(t)
\end{aligned}$$

Zur Ermittlung der Übertragungsfunktion des Systems wird das Integrodifferential-Gleichungssystem Gl. (3.3.1) aus dem Zeitbereich in den Bildbereich mit der komplexen Variablen $p = j\omega$ transformiert. Unter der Voraussetzung, daß das Netzwerk zur Zeit $t = 0$ keine Energie gespeichert hatte, d.h. alle Anfangswerte verschwinden, gilt im Bildbereich:

$$
\begin{aligned}
\left(R_0 + \frac{1}{C_1 p}\right) I_1 - \frac{1}{C_1 p} I_2 \qquad\qquad\qquad\qquad\qquad\qquad\qquad\qquad &= U_0(p) \\
-\frac{1}{C_1 p} I_1 + \left(\frac{1}{C_1 p} + Lp + R_2 + \frac{1}{C_2 p}\right) I_2 - \frac{1}{C_2 p} I_3 - (R_2 + Lp)\, I_4 &= 0 \\
-\frac{1}{C_2 p} I_2 \qquad\qquad + \left(R_1 + \frac{1}{C_2 p}\right) I_3 \qquad\qquad &= 0 \\
-(R_2 + Lp)\, I_2 \qquad\qquad\qquad\qquad + (R_2 + R_3 + Lp)\, I_4 &= 0
\end{aligned}
\qquad (3.3.2)
$$

Für den Strom I_3 gilt im Bildbereich:

$$
I_3(p) = \frac{U_0(p) \begin{vmatrix} -\frac{1}{C_1 p} & \frac{1}{C_1 p} + Lp + R_2 + \frac{1}{C_2 p} & -(R_2 + Lp) \\ 0 & -\frac{1}{C_2 p} & 0 \\ 0 & -(R_2 + Lp) & R_2 + R_3 + Lp \end{vmatrix}}{\begin{vmatrix} R_0 + \frac{1}{C_1 p} & -\frac{1}{C_1 p} & 0 & 0 \\ -\frac{1}{C_1 p} & \frac{1}{C_1 p} + Lp + R_2 + \frac{1}{C_2 p} & -\frac{1}{C_2 p} & -(R_2 + Lp) \\ 0 & -\frac{1}{C_2 p} & R_1 + \frac{1}{C_2 p} & 0 \\ 0 & -(R_2 + Lp) & 0 & R_2 + R_3 + Lp \end{vmatrix}} . \qquad (3.3.3)
$$

Für die Übertragungsfunktion $F_u(p)$ gilt:

$$
F_u(p) = \frac{U_1(p)}{U_0(p)} = R_1 \frac{I_3(p)}{U_0(p)} = R_1 \frac{D_{Z13}}{D_N} \qquad (3.3.4)
$$

$$
F_u(p) = \frac{1 + \frac{R_2}{R_3} + p \frac{L}{R_3}}{\frac{C_1 C_2 p^2}{R_1 R_3} D_N} \qquad (3.3.5)
$$

$$
F_u(p) = \frac{1 + \frac{R_2}{R_3} + p \frac{L}{R_3}}{1 + \frac{R_0 + R_2}{R_1} + \frac{R_2}{R_3}\left(1 + \frac{R_0}{R_1}\right) + p \left\{ L \left(\frac{R_0}{R_1 R_3} + \frac{1}{R_1} + \frac{1}{R_3}\right) + R_0 \left[C_1 + C_2 + \frac{R_2 C_2}{R_3} + R_2 C_1 \left(\frac{1}{R_1} + \frac{1}{R_3}\right)\right] + R_2 C_2 \right\} + p^2 \left\{ L \left[\frac{R_0}{R_3}(C_1 + C_2) + \frac{R_0}{R_1} C_1 + C_2\right] + R_0 R_2 C_1 C_2 \right\} + p^3 L R_0 C_1 C_2} \qquad (3.3.6)
$$

3.4.2 Eingangsimpedanz

Neben der Übertragungsfunktion ist der Frequenzgang der Eingangsimpedanz eines elektrischen Netzwerkes eine wichtige Beschreibungsgröße für das Betriebsverhalten des Netzwerkes. Daher wird auch eine allgemeine Beziehung für die Berechnung und Programmierung der Eingangsimpedanz $\underline{Z}_e$ hergeleitet. Ersetzt man in dem Gleichungssystem für den Bildbereich Gl. (3.3.2) die linke Spalte durch die rechte Seite des Systems, so ergibt sich eine Bestimmungsgleichung für den Eingangsstrom $I_1(p)$.

$$I_1(p) = \frac{\begin{vmatrix} \frac{1}{C_1 p} + Lp + R_2 + \frac{1}{C_2 p} & -\frac{1}{C_2 p} & -(R_2 + Lp) \\ -\frac{1}{C_2 p} & R_1 + \frac{1}{C_2 p} & 0 \\ -(R_2 + Lp) & 0 & R_2 + R_3 + Lp \end{vmatrix}}{D_N} \tag{3.3.7}$$

Für die Eingangsimpedanz $\underline{Z}_e$ gilt:

$$\underline{Z}_e(p) = \frac{U_0(p)}{I_1(p)} = \frac{D_N}{D_{Z11}} \tag{3.3.8}$$

Für die Zählerdeterminante des Eingangsstromes $I_1(p)$ gilt:

$$\begin{aligned} D_{Z11} = \frac{R_1 R_3}{C_1 C_2 p^2} \Bigg\{ & \left(\frac{R_2}{R_3} + 1\right) C_2 p + \frac{L}{R_3} C_2 p^2 + \frac{R_2}{R_1 R_3} + \frac{1}{R_1} + \frac{L}{R_1 R_3} p \\ & + L C_1 C_2 p^3 + L \frac{C_1}{R_1} p^2 + R_2 C_1 C_2 p^2 + \frac{R_2}{R_1} C_1 p + \left(\frac{R_2}{R_3} + 1\right) C_1 p + \frac{L}{R_3} C_1 p^2 \Bigg\} \end{aligned} \tag{3.3.9}$$

Damit folgt für die Eingangsimpedanz:

$$\underline{Z}_e(p) = \frac{\frac{C_1 C_2 p^2}{R_1 \cdot R_3} D_N}{\begin{aligned} & \frac{1}{R_1}\left(1 + \frac{R_2}{R_3}\right) + p \left[\frac{L}{R_1 R_3} + \left(1 + \frac{R_2}{R_3}\right)(C_1 + C_2) + \frac{R_2}{R_1} C_1\right] \\ & + p^2 \left\{ L \left[\frac{C_2}{R_3} + C_1 \left(\frac{1}{R_1} + \frac{1}{R_3}\right)\right] + R_2 C_1 C_2 \right\} + p^3 L C_1 C_2 \end{aligned}} \tag{3.3.10}$$

Der Zähler von Gl. (3.3.10) ist mit dem Nenner aus Gl. (3.3.6) identisch. Dies bringt den Vorteil, daß die Berechnung dieses Terms sowohl für die Übertragungsfunktion als auch für die Eingangsimpedanz in einem gemeinsamen Unterprogramm durchgeführt werden kann.

3.4.3 Programmbeschreibung „Übertragungsfunktion"

Das Programm nach Tabelle 3.4.1 gestattet sowohl die zyklische Berechnung der Übertragungsfunktion wie auch die zyklische Berechnung der Eingangsimpedanz in Abhängigkeit von der Frequenz. Zur Berechnung der Übertragungsfunktion wird das Programm über Label A gestartet, während die Berechnung der Eingangsimpedanz den Programmstart über Label B erfordert. Das Programm umfaßt vier Unterprogramme mit den Einstiegadressen Label a, Label b, Label c und Label D.

Tabelle 3.4.1 Anweisungsliste „Übertragungsfunktion"

```
F(p)  001  *LBLA
      002  RCLD
      003  ST08
      004  GSBa
      005  *LBL0
      006  GSBb
      007  RCLA
      008  RCL3
      009  ÷
      010  RCL4
      011  x
      012  RCL2
      013  RCL3
      014  ÷
      015  1
      016  +
      017  →P
      018  RCL6
      019  RCL5
      020  →P
      021  GSBc
      022  GT00
Ze    023  *LBLE
      024  RCLD
      025  ST08
      026  GSBa
      027  *LBL1
      028  RCL2
      029  RCL3
      030  ÷
      031  1
      032  +
      033  ST05
      034  RCL1
      035  ÷
      036  ST09
      037  RCL1
      038  1/X
      039  RCL3
      040  1/X
      041  +
      042  RCLB
      043  x
      044  RCLC
      045  RCL3
      046  ÷
      047  +
      048  RCLA
      049  x
      050  RCL2
      051  RCLB
      052  x
      053  ST06
      054  RCLC
      055  x
      056  +
      057  RCL4
      058  X²
      059  ST07
      060  x
      061  ST-9
      062  RCLA
      063  RCL1
      064  ÷
      065  RCL3
      066  ÷
      067  RCL5
      068  RCLB
      069  RCLC
      070  +
      071  x
      072  +
      073  RCL6
      074  RCL1
      075  ÷
      076  +
      077  RCLA
      078  RCLB
      079  x
      080  RCLC
      081  x
      082  RCL7
      083  x
      084  -
      085  RCL4
      086  x
      087  ST0I
      088  GSBb
      089  RCL6
      090  RCL5
      091  →P
      092  RCLI
      093  RCL9
      094  →P
      095  GSBc
      096  GT01
-----------------
UP    097  *LBLc
      098  GSBD
      099  PRTX  => {F, Ze}
      100  X⇄Y
      101  PRTX  => φ
      102  SFC
      103  RCLE
      104  ST+8
-----------------
UP    105  *LBLa
      106  RCL8
      107  PRTX  => f
      108  2
      109  x
      110  Pi
      111  x
      112  ST04
      113  RTN
-----------------
UP    114  *LBLb
      115  RCL0
      116  RCL2
      117  +
      118  RCL1
      119  ÷
      120  1
      121  +
      122  RCL0
      123  RCL1
      124  ÷
      125  1
      126  +
      127  RCL2
      128  x
      129  RCL3
      130  ÷
      131  +
      132  ST05
      133  RCL3
      134  1/X
      135  RCL1
      136  1/X
      137  +
      138  ST06
      139  RCL0
      140  RCL1
      141  RCL3
      142  x
      143  ÷
      144  +
      145  RCLA
      146  x
      147  RCL2
      148  RCLC
      149  x
      150  RCL3
      151  ÷
      152  RCLB
      153  +
      154  RCLC
      155  +
      156  RCL5
      157  RCL2
      158  x
      159  RCLB
      160  x
      161  +
      162  RCL0
      163  x
      164  +
      165  RCL2
      166  RCLC
      167  x
      168  +
      169  RCL4
      170  x
      171  ST06
      172  RCLB
      173  RCL0
      174  x
      175  RCL1
      176  ÷
      177  RCLC
      178  +
      179  RCLB
      180  RCLC
      181  +
      182  RCL0
      183  x
      184  RCL3
      185  ÷
      186  +
      187  RCLA
      188  x
      189  RCL0
      190  RCL2
      191  x
      192  RCLB
      193  x
      194  RCLC
      195  x
      196  +
      197  RCL4
      198  X²
      199  ST07
      200  x
      201  ST-5
      202  RCLA
      203  RCLC
      204  RCLB
      205  x
      206  x
      207  RCL0
      208  x
      209  RCL4
      210  x
      211  RCL7
      212  x
      213  ST-6
      214  RTN
-----------------
UP    215  *LBLD
      216  X⇄Y
      217  R↓
      218  ÷
      219  R↓
      220  X⇄Y
      221  -
      222  R↑
      223  RTN
      224  R/S
```

Für beide Berechnungsvarianten wird der gleiche Eingabedatensatz benötigt. Die Eingabedaten sind folgenden Speichern zugeordnet:

STO A:	L in H		STO 0:	R_0	in Ω
STO B:	C_1 in F		STO 1:	R_1	in Ω
STO C:	C_2 in F		STO 2:	R_2	in Ω
STO D:	f in Hz		STO 3:	R_3	in Ω
STO E:	Δf in Hz				

Als Arbeitsspeicher werden nur die Primärspeicher STO 4 bis STO 9 benutzt. Der gesamte sekundäre Speicherbereich wird nicht aktiviert.

Nach dem Programmstart über Label A in Zeile 001 wird die in STO D abgelegte Startfrequenz nach STO 8 übernommen. In dem Unterprogramm Label a wird die Kreisfrequenz ω gebildet und nach STO 4 abgespeichert. Die RTN-Anweisung in Zeile 113 bildet eine gemeinsame Rücksprung-Anweisung für die Unterprogramme Label c und Label a. Zwischen den Anweisungszeilen 005 mit Label 0 und 022 mit GTO 0 wird eine Endlosprogrammschleife gebildet. Innerhalb dieser Schleife wird mit dem Aufruf des Unterprogramms Label b in Zeile 114 der Nenner aus Gl. (3.3.6) berechnet. Die folgenden Anweisungen von Zeile 007 bis 017 dienen zur Berechnung des Zählers.

Mit dem Aufruf des Unterprogramms Label c wird die komplexe Division durchgeführt und der Betrag der Übertragungsfunktion sowie der Phasenwinkel ausgegeben. Nach Erhöhung der Frequenz um Δf in STO 8 wird in STO 4 das neue ω abgespeichert und der nächste Berechnungszyklus abgearbeitet.

Die Berechnung der Eingangsimpedanz $\underline{Z}_e$ wird über Label B in Zeile 023 gestartet. In der Programmschleife zwischen den Anweisungen Label 1 in Zeile 027 und GTO 1 in Zeile 096 wird die Gl. (3.3.10) ausgewertet. Zur Ausgabe von Betrag und Phasenwinkel wird das Unterprogramm Label c in Zeile 095 aufgerufen.

3.4.4 Test- und Anwendungsbeispiele

Vor dem Programmstart für die Berechnung der Übertragungsfunktion mit Label A oder der Eingangsimpedanz mit Label B sind folgende Eingabedaten erforderlich:

Ohmscher Widerstand	R_0	in Ω	⇒ STO 0
Ohmscher Widerstand	R_1	in Ω	⇒ STO 1
Ohmscher Widerstand	R_2	in Ω	⇒ STO 2
Ohmscher Widerstand	R_3	in Ω	⇒ STO 3
Induktivität	L	in H	⇒ STO A
Kapazität	C_1	in F	⇒ STO B
Kapazität	C_2	in F	⇒ STO C
Startfrequenz	f	in Hz	⇒ STO D
Frequenz-Schrittweite	Δf	in Hz	⇒ STO I

Als Ergebnisse werden die Frequenz sowie bei Start über Label A die Übertragungsfunktion $F_u(f)$ nach Betrag und Phase oder bei Start über Label B die Eingangsimpedanz $\underline{Z}_e(f)$ nach Betrag und Phase in einer Endlosschleife mit dem Frequenzintervall Δf ausgegeben.

$R_0 = R_1 = R_2 = R_3 = 600\ \Omega$

Eingaben:	600	STO 0	Widerstände in Ohm
	600	STO 1	
	600	STO 2	
	600	STO 3	
	0,2	STO A	Induktivität L in Henry
	$0{,}265 \cdot 10^{-6}$	STO B	Kapazität C_1 in Farad
	$0{,}265 \cdot 10^{-6}$	STO C	Kapazität C_2 in Farad
	0	STO D	Frequenz f in Hz
	200	STO I	Frequenzintervall Δf in Hz

Start [A]: Übertragungsfunktion $\underline{F}_u$

Ergebnisse:

f = 0.00 Hz
F_u = 0.40
φ = 0.00°

f = 200.00 Hz
F_u = 0.39
φ = −15.97°

f = 400.00 Hz
F_u = 0.37
φ = −31.03°

f = 600.00 Hz
F_u = 0.33
φ = −44.61°

f = 800.00 Hz
F_u = 0.30
φ = −56.53°

f = 1000.00 Hz
F_u = 0.26
φ = −66.89°

Rechenzeit für einen Zyklus rd. 12 Sekunden

In Bild 3.4.2 sind die Ortskurven für verschiedene Widerstandsvarianten der Übertragungsfunktion angegeben.

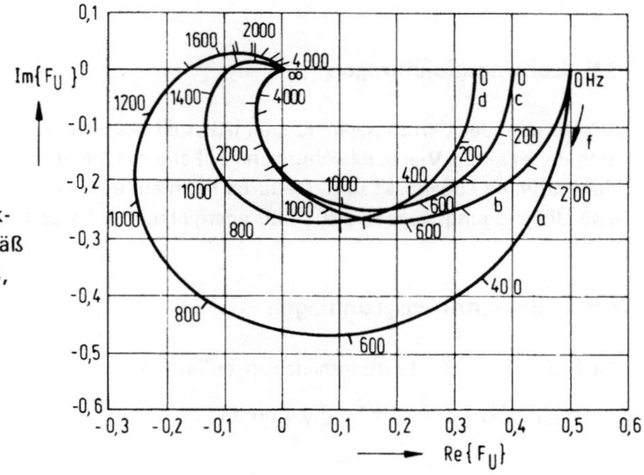

Bild 3.4.2

Ortskurve der Übertragungsfunktion eines RLC-Netzwerkes gemäß Bild 3.4.1 mit $R_0 = R_1 = 600\ \Omega$, $L = 0{,}2\ H$, $C_1 = C_2 = 0{,}265\ \mu F$

a) $R_2 = 0\ \Omega$, $R_3 = \infty\ \Omega$
b) $R_2 = 0\ \Omega$, $R_3 = 600\ \Omega$
c) $R_2 = 600\ \Omega$, $R_3 = 600\ \Omega$
d) $R_2 = 600\ \Omega$, $R_3 = \infty\ \Omega$

Start [B]: Eingangsimpedanz $\underline{Z}_e$

Ergebnisse:

f = 0.00 Hz
Z_e = 1500.00 Ω
φ = 0.00°

f = 200.00 Hz
Z_e = 1419.62 Ω
φ = −11.55°

f = 400.00 Hz
Z_e = 1256.43 Ω
φ = −19.05°

f = 600.00 Hz
Z_e = 1106.45 Ω
φ = −22.49°

f = 800.00 Hz
Z_e = 994.71 Ω
φ = −23.51°

f = 1000.00 Hz
Z_e = 915.05 Ω
φ = −23.33°

Rechenzeit für einen Zyklus rd. 15 Sekunden

In Bild 3.4.3 sind die Ortskurven der Eingangsimpedanz für verschiedene Widerstandsvarianten angegeben.

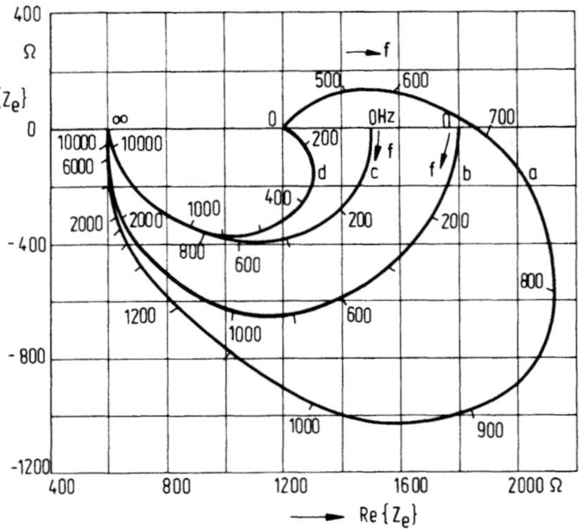

Bild 3.4.3

Ortskurven des Eingangswiderstandes eines RLC-Netzwerkes gemäß Bild 3.4.1 mit $R_0 = R_1 = 600\ \Omega$, $L = 0{,}2$ H, $C_1 = C_2 = 0{,}265\ \mu$F

a) $R_2 = 0\ \Omega$, $R_3 = \infty\ \Omega$
b) $R_2 = 0\ \Omega$, $R_3 = 600\ \Omega$
c) $R_2 = 600\ \Omega$, $R_3 = 600\ \Omega$
d) $R_2 = 600\ \Omega$, $R_3 = \infty\ \Omega$

3.5 Leitungsgleichungen

Am Beispiel der Leitungsgleichungen läßt sich besonders anschaulich zeigen, daß bei Programmierung der exakten Vierpolgleichungen [27] alle möglichen Wertebereiche ohne rechentechnischen Mehraufwand abgedeckt sind. Dadurch kann ein erstelltes Programm sowohl für nachrichtentechnische Übertragungswege wie auch für energietechnische Leitungen angewendet werden.

3.5.1 Berechnungsgrundlagen

Die Primärform der Leitungsgleichungen lauten:

$$\underline{U}_1 = \underline{U}_2 \cosh \underline{\gamma}\, l + \underline{I}_2\, \underline{Z}_W \sinh \underline{\gamma}\, l \qquad (3.5.1)$$

$$\underline{I}_1 = \underline{I}_2 \cosh \underline{\gamma}\, l + \frac{\underline{U}_2}{\underline{Z}_W} \sinh \underline{\gamma}\, l \qquad (3.5.2)$$

mit dem Wellenwiderstand Z_W:

$$Z_W = \sqrt{\frac{R' + j\,\omega\,L'}{G' + j\,\omega\,C'}} \qquad (3.5.3)$$

mit dem Übertragungsmaß $\underline{\gamma}$:

$$\underline{\gamma} = \sqrt{(R' + j\,\omega\,L')\,(G' + j\,\omega\,C')} \qquad (3.5.4)$$

$$\underline{\gamma}\, l = (\alpha + j\,\beta)\, l = a + jb \qquad (3.5.5)$$

a ist die Übertragungsdämpfung und b der Übertragungswinkel der Leitung.

Für die Programmierung wird die Form:

$$\underline{U}_1 = \underline{U}_2 \left(\cosh \underline{\gamma}\, l + \frac{\underline{Z}_W}{\underline{Z}_2} \sinh \underline{\gamma}\, l\right) \tag{3.5.6}$$

$$\underline{I}_1 = \underline{I}_2 \left(\cosh \underline{\gamma}\, l + \frac{\underline{Z}_2}{\underline{Z}_W} \sinh \underline{\gamma}\, l\right) \tag{3.5.7}$$

benutzt.
Für den Reflexionsfaktor gilt:

$$r = \frac{\underline{Z}_2 - \underline{Z}_W}{\underline{Z}_2 + \underline{Z}_W} = \frac{\frac{\underline{Z}_2}{\underline{Z}_W} - 1}{\frac{\underline{Z}_2}{\underline{Z}_W} + 1} \tag{3.5.8}$$

Das Spannungsverhältnis a_u wird in Dezibel angegeben:

$$a_u = 20 \lg \frac{U_1}{U_2} \text{ db} \tag{3.5.9}$$

Für die Leistung am Leitungsanfang gilt:

$$\underline{S}_1 = \underline{U}_1 \underline{I}_1^* = P_1 + j\, Q_1 \tag{3.5.10}$$

Für den Übertragungswirkungsgrad gilt:

$$\eta = \frac{P_2}{P_1} = \frac{U_2^2 \cos \varphi_2}{Z_2 P_1} \tag{3.5.11}$$

3.5.2 Programmstruktur „Leitungsgleichungen"

Mit Hilfe der nachfolgenden Eingabedaten und Eingabespeicher läßt sich ein Programm zur Auswertung der angegebenen Gleichungen konzipieren:

Spannung U_2 in V am Leitungsende	⇒ STO A
Impedanz Z_2 in Ω am Leitungsende	⇒ STO B
Phasenwinkel φ in ° der Impedanz Z_2	⇒ STO C
Frequenz f in Hz	⇒ STO D
Länge l in km der Leitung	⇒ STO E

Widerstandsbelag R' in Ω/km	⇒ STO 1
Induktivitätsbelag L' in H/km	⇒ STO 2
Ableitungsbelag G' in S/km	⇒ STO 3
Kapazitätsbelag C' in F/km	⇒ STO 4

Da die Speicher STO 1 bis STO 4 als Eingabespeicher vorgesehen sind, wird während der Berechnung der sekundäre Speicherbereich aktiviert. Dadurch werden die Eingabespeicher nicht mit überschrieben und stehen für wiederholte Programmstarts zur Verfügung.
Die Ausgabe der Ergebnisse ist wie folgt gegliedert:

1. Wellenwiderstand nach Betrag und Phase
2. Reflexionsfaktor nach Betrag und Phase
3. Übertragungsdämpfung und Übertragungswinkel
4. Spannung am Leitungsanfang nach Betrag und Phase

5. Logarithmisches Spannungsverhältnis
6. Strom am Leitungsanfang nach Betrag und Phase
7. Wirkleistung am Leitungsanfang
8. Blindleistung am Leitungsanfang
9. Übertragungswirkungsgrad

Falls das Programm innerhalb der Berechnung gestoppt wird, ist darauf zu achten, daß der Winkelmodus-Radiant eingeschaltet ist und der sekundäre Speicherbereich aktiv ist.
Folgende Unterprogramme können auch über einen GSB Aufruf eigenständig benutzt werden:

Hyperbolischer Cosinus mit komplexem Argument	Label a
Hyperbolischer Sinus mit komplexem Argument	Label b
Komplexe Multiplikation in Polarkoordinaten	Label c
Komplexe Division in Polarkoordinaten	Label d
Komplexe Addition kartesischer Koordinaten mit Ergebnis in Polarkoordinaten	Label e

3.5.3 Programmbeschreibung „Leitungsgleichungen"

Das in der Tabelle 3.5.1 angegebene Programm wird über die Startadresse Label A in Zeile 001 gestartet. Zunächst wird der Winkelmodus auf Radiant umgestellt. Mit den Anweisungen 003 bis 008 wird die Kreisfrequenz gebildet und nach STO 5 abgespeichert. Mit Hilfe der bezogenen Leitungsdaten in den Speichern STO 1 bis STO 4 werden die Längsimpedanz $R + j\omega L$ und die Queradmittanz $G + j\omega C$ in Polarkoordinatenform berechnet und nach dem Speicherbereichswechsel in Zeile 018 den Speichern STO 0' bis STO 3' zugeordnet. In Zeile 027 wird das Unterprogramm Label d zur Berechnung der komplexen Division gemäß Gl. (3.5.3) aufgerufen. Der Wellenwiderstand wird in Polarkoordinatenform in dem Unterprogramm Label 2 ausgegeben. Anschließend wird der Reflexionsfaktor gemäß Gl. (3.5.8) berechnet und in Zeile 062 mit Betrag und Phase ausgegeben. Mit den Anweisungen 063 bis 076 wird die Gl. (3.5.4) ausgewertet und in Zeile 077 die Übertragungsdämpfung a sowie der Übertragungswinkel b in Grad ausgegeben. Bei der Auswertung der Leitungsgleichung in der Form von Gl. (3.5.6) wird auf das in den Zeilen 042 und 044 nach STO 8 und STO 9 abgespeicherte Impedanzverhältnis $\underline{Z}_2/\underline{Z}_W$ zurückgegriffen. In den Zeilen 080 und 086 werden die Unterprogramme zur Berechnung der hyperbolischen Funktionen mit komplexem Argument $\cosh \underline{\gamma}\, l$ und $\sinh \underline{\gamma}\, l$ aufgerufen. Die Spannung am Leitungsanfang wird in Zeile 098 nach Betrag und Phasenlage, in Bezug auf die Spannung U_2 als Bezugsachse in der komplexen Ebene, ausgegeben. Anschließend wird noch das logarithmische Spannungsverhältnis in Dezibel ausgegeben. Mit den Anweisungen 109 bis 120 wird die Leitungsgleichung für den Strom I_1 Gl. (3.5.7) ausgewertet und das Ergebnis in Zeile 122 ausgegeben. Anschließend werden noch gemäß den Gln. (3.5.10 und 3.5.11) die Wirk- und Blindleistung am Leitungsanfang sowie der Übertragungswirkungsgrad berechnet und ausgegeben. Das Hauptprogramm endet in Zeile 139.

Tabelle 3.5.1 Anweisungsliste „Leitungsgleichungen"

Start	001	*LBLA	
	002	RAD	
	003	RCLD	
	004	2	
	005	×	
	006	Pi	
	007	×	
	008	STO5	
	009	RCL2	
	010	×	
	011	RCL1	
	012	→P	
	013	RCL5	
	014	RCL4	
	015	×	
	016	RCL3	
	017	→P	
	018	P⇄S	
	019	STO0	
	020	R↓	
	021	STO1	
	022	R↓	
	023	STO2	
	024	R↓	
	025	STO3	
	026	R↓	
	027	GSBa	
	028	√X	
	029	STO4	
	030	X⇄Y	
	031	2	
	032	÷	
	033	STO5	
	034	X⇄Y	
	035	GSB2	⇒ Z_w, φ_w
	036	RCLC	
	037	D→R	
	038	RCLB	
	039	RCL5	
	040	RCL4	
	041	GSBa	
	042	STO8	
	043	X⇄Y	
	044	STO9	
	045	X⇄Y	
	046	→R	
	047	1	
	048	−	
	049	ENT↑	
	050	ENT↑	
	051	2	
	052	+	
	053	R↑	
	054	X⇄Y	
	055	→P	
	056	R↓	

	057	R↓	
	058	→P	
	059	R↑	
	060	R↑	
	061	GSBa	
	062	GSB2	⇒ r, φ_r
	063	RCL3	
	064	RCL2	
	065	RCL1	
	066	RCL0	
	067	GSBc	
	068	√X	
	069	RCLE	
	070	×	
	071	X⇄Y	
	072	2	
	073	÷	
	074	X⇄Y	
	075	→R	
	076	STO6	
	077	GSB2	⇒ a, b
	078	STO7	
	079	X⇄Y	
	080	GSBc	
	081	STO0	
	082	X⇄Y	
	083	STO1	
	084	RCL7	
	085	RCL6	
	086	GSBb	
	087	STO2	
	088	X⇄Y	
	089	STO3	
	090	RCL9	
	091	CHS	
	092	RCL8	
	093	1/X	
	094	GSB1	
	095	RCLA	
	096	×	
	097	STO6	
	098	GSB2	⇒ U_1, φ_u
	099	STO7	
	100	X⇄Y	
	101	RCLA	
	102	÷	
	103	LOG	
	104	2	
	105	0	
	106	×	
	107	PRTX	⇒ a_u
	108	SPC	
	109	RCL9	
	110	RCL8	
	111	GSB1	
	112	RCLA	

	113	STO5	
	114	ST×5	
	115	×	
	116	RCLC	
	117	D→R	
	118	RCLE	
	119	ST÷5	
	120	GSBa	
	121	ST×6	
	122	GSB2	⇒ I_1, φ_I
	123	ST−7	
	124	RCL7	
	125	RCL6	
	126	→R	
	127	PRTX	⇒ P_1
	128	ST÷5	
	129	X⇄Y	
	130	PRTX	⇒ Q_1
	131	SPC	
	132	RCL5	
	133	P⇄S	
	134	DEG	
	135	RCLC	
	136	COS	
	137	×	
	138	PRTX	⇒ η
	139	R/S	
UP	140	*LBL1	
	141	RCL3	
	142	RCL2	
	143	GSBc	
	144	→R	
	145	RCL1	
	146	RCL0	
	147	→R	
	148	GSBe	
	149	RTN	
UP	150	*LBL2	
	151	PRTX	
	152	X⇄Y	
	153	R→D	
	154	PRTX	
	155	D→R	
	156	SPC	
	157	RTN	
UP: cosh	158	*LBLa	
	159	SF2	
	160	GTO0	
UP: sinh	161	*LBLb	
	162	CF2	
	163	*LBL0	
	164	ENT↑	
	165	CHS	
	166	e^x	
	167	ENT↑	
	168	R↓	

	169	F2?	
	170	GTO0	
	171	CHS	
	172	SF2	
	173	*LBL0	
	174	X⇄Y	
	175	e^x	
	176	+	
	177	LSTX	
	178	R↑	
	179	F2?	
	180	GTO0	
	181	CHS	
	182	*LBL0	
	183	+	
	184	R↑	
	185	SIN	
	186	×	
	187	2	
	188	÷	
	189	R↓	
	190	X⇄Y	
	191	COS	
	192	×	
	193	2	
	194	÷	
	195	R↑	
	196	X⇄Y	
	197	→P	
	198	RTN	
UP: A×B	199	*LBLc	
	200	X⇄Y	
	201	R↓	
	202	×	
	203	R↓	
	204	+	
	205	R↑	
	206	RTN	
UP: A÷B	207	*LBLd	
	208	X⇄Y	
	209	R↓	
	210	÷	
	211	R↓	
	212	X⇄Y	
	213	−	
	214	R↑	
	215	RTN	
UP: A+B	216	*LBLe	
	217	X⇄Y	
	218	R↓	
	219	+	
	220	R↓	
	221	+	
	222	R↑	
	223	→P	
	224	RTN	

3.5.4 Test- und Anwendungsbeispiele

1. Für eine Fernsprech-Freileitung mit den angegebenen Daten sind die Übertragungsparameter zu berechnen [9]:

Leitungsdaten: $R' = 2{,}16\ \Omega/km$
$L' = 0{,}0018\ H/km$
$G' = 0{,}5 \cdot 10^{-6}\ S/km$
$C' = 0{,}0068\ \mu F/km$
$l = 50\ km$

Betriebsdaten: $U_2 = 100\ V$
$Z_2 = 2000\ e^{j\,20^\circ}\ \Omega$
$f = 800\ Hz$

Vor dem Programmstart sind folgende Eingaben erforderlich:

100	STO A	(Spannung U_2 in Volt)
2000	STO B	(Impedanz Z_2 am Leitungsende in Ohm)
20	STO C	(Phasenwinkel der Impedanz Z_2 in Grad)
800	STO D	(Frequenz f in Hertz)
50	STO E	(Leitungslänge l in km)
2,16	STO 1	(Widerstandsbelag in Ω/km)
0,0018	STO 2	(Induktivitätsbelag in H/km)
0,5 EEX − 6	STO 3	(Ableitungsbelag in S/km)
0,0068 EEX − 6	STO 4	(Kapazitätsbelag in F/km)

Start [A]:

Ergebnisse:

Wellenwiderstand Z_W	=	521.65 Ω
Phasenwinkel φ_Z	=	−6.29°
Reflexionsfaktor r	=	0.63
Phasenwinkel φ_r	=	13.93°
Übertragungsdämpfung a	=	0.11
Übertragungswinkel b	=	50.69°
Spannung am Leitungsanfang U_1	=	78.78 V
Phasenwinkel φ_{u1}	=	19.25°
Spannungsdämpfung a_u	=	−2.07 db
Strom am Anfang I_1	=	0.15 A
Phasenwinkel φ_{I_1}	=	78.75°
Einspeise-Wirkleistung P_1	=	5.83 W
Einspeise-Blindleistung Q_1	=	− 9.89 var (Minuszeichen bedeutet kapazitiv)
Übertragungswirkgrad η	=	0.81 ≙ 81 %

Rechenzeit rd. 50 Sekunden

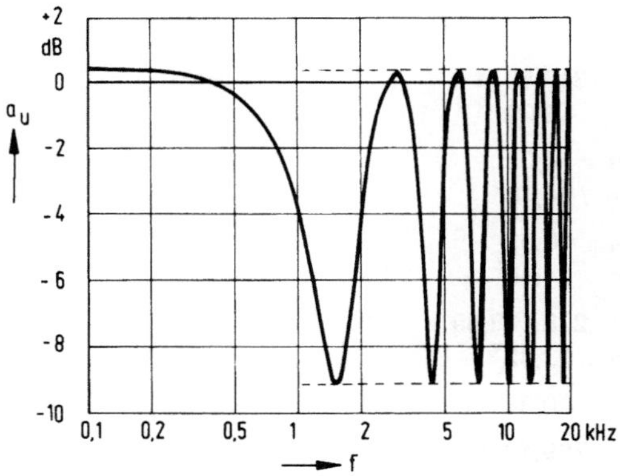

Bild 3.51

Frequenzgang der Spannungsdämpfung einer Fernmeldeleitung

In Bild 3.5.1 ist der Frequenzgang der Spannungsdämpfung im Intervall 100 Hz bis 20 000 Hz aufgetragen. Typisch für den nicht reflexionsfreien Belastungsfall ist der Wechsel von Spannungsmaxima und Spannungsminima entlang einer Leitung. Dies wird hier durch die Oszillation der Spannungsdämpfung zwischen + 0,5 db und − 9 db sichtbar. Der Bereich negativer Dämpfung besagt, daß die Spannung am Leitungsanfang kleiner ist als die Spannung am Leitungsende (− 9,5 db entspricht einem Spannungsverhältnis $U_1 : U_2 = 1:3$). Die mit wachsender Frequenz scheinbar dichtere Aufeinanderfolge von Maxima und Minima ist durch den logarithmischen Frequenzmaßstab bedingt.

2. Für eine 380 kV-Hochspannungsleitung von 400 km Länge sind für ohmsche Belastung der Wellenwiderstand und die Übertragungsparameter zu bestimmen [28]:

Leitungsdaten:	$R' = 0{,}03\ \Omega/\text{km}$	
	$L' = 1{,}05\ \text{mH/km}$	
	$G' = 0{,}6 \cdot 10^{-7}\ \text{S/km}$	
	$C' = 0{,}0107\ \text{F/km}$	
	$l = 400\ \text{km}$	
Betriebsdaten:	$U_2 = 220.000\ \text{V}$	(Strangspannung)
	$Z_2 = 313\ \Omega$	(Belastungswiderstand)
	$f = 50\ \text{Hz}$	(Frequenz)

Vor dem Programmstart sind folgende Eingaben erforderlich:

220.000	STO A	(Spannung U_2 in Volt)
313	STO B	(Impedanz Z_2 in Ohm)
0	STO C	(Phasenwinkel der Belastung in Grad)
50	STO D	(Frequenz in Hertz)
400	STO E	(Länge in km)
0,03	STO 1	(Widerstandsbelag in Ω/km)
1,05 EEX − 3	STO 2	(Induktivitätsbelag in H/km)
0,6 EEX − 7	STO 3	(Ableitungsbelag in S/km)
0,0107 EEX − 6	STO 4	(Kapazitätsbelag in F/km)

Start [A]:

Ergebnisse:	Wellenwiderstand Z_W	=	313,88 Ω
	Phasenwinkel φ_Z	=	–2,09°
	Reflexionsfaktor r	=	0,02
	Phasenwinkel φ_r	=	94,40°
	Übertragungsdämpfung a	=	0,02
	Übertragungswinkel b	=	24,15°
	Spannungsanfang U_1	=	228.118,69 V
	Phasenwinkel φ_{u1}	=	23,82°
	Spannungsdämpfung a_u	=	0,31 db
	Strom am Anfang I_1	=	709,40 A
	Phasenwinkel φ_{I_1}	=	24,46°
	Einspeise-Wirkleistung P_1	=	161.816.856,3 W ≈ 161,8 MW (je Phase)
	Einspeise-Blindleistung Q_1	=	–1.824.064,98 VAr ≈ – 1,8 Mvar (je Phase)
	Übertragungswirkgrad η	=	0,96 ≙ 96 %

Rechenzeit rd. 50 Sekunden

4 Impulstechnik

4.1 Zeitverhalten von Übertragungsgliedern

In der Impulstechnik tritt häufig die Frage nach dem zeitlichen Verlauf der Ausgangsspannung von integrierenden oder differenzierenden Übertragungsgliedern bei pulsförmigen Eingangsspannungen auf. Zur Beantwortung dieser Frage ist die Übertragungsfunktion als Differentialgleichung zu formulieren, die dann unter Verwendung der in Abschnitt 1.3.3 angegebenen Programmbausteine für periodische Schaltfunktionen mit Hilfe des in Band 1 angegebenen Programms zur numerischen Lösung von Differentialgleichungen schrittweise gelöst werden kann.

4.1.1 Integrierstufe

Die Kombination des Differentialgleichungsprogramms für Differentialgleichungen erster Ordnung mit dem Programmbaustein für die Erzeugung einer Rechteckspannung soll am Beispiel eines Integriergliedes gemäß Bild 4.1.1 aufgezeigt werden [29]:

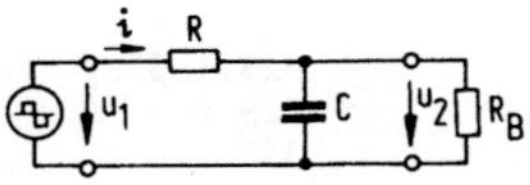

Bild 4.1.1 Integrierglied

Das Übertragungsverhalten der Schaltung in Bild 4.1.1 kann durch zwei Gleichungen beschrieben werden:

$$u_1 = i\,R + u_2 \tag{4.1.1}$$

$$i = C\,\frac{du_2}{dt} + \frac{u_2}{R_B} \tag{4.1.2}$$

Nach Elimination des Stromes i erhält man in der Form $y' = f(x, y)$:

$$u_2' = \frac{1}{RC}\left[u_1 - u_2\left(1 + \frac{R}{R_B}\right)\right] \tag{4.1.3}$$

mit:

$$u_1 = U_1\ \text{sign}\,(\sin \omega t) \tag{4.1.4}$$

für einen rechteckförmigen Verlauf der Eingangsspannung u_1.
Die Programmieraufgabe beschränkt sich auf den Einbau der Gln. (4.1.3 und 4.1.4) als Unterprogramm in das gegebene Differentialgleichungsprogramm.

4.1.2 Programmbeschreibung „Integrierstufe"

Das in Tabelle 4.1.1 angegebene Programm umfaßt bis zur Zeile 110 die Anweisungen zur numerischen Lösung von Differentialgleichungen 1. Ordnung nach dem Runge-Kutta-Verfahren gemäß

Tabelle 4.1.1 Anweisungsliste „Zeitfunktion eines Integriergliedes"

```
Start 001 *LBLA
      002 RCLA
      003 STO1
      004 RCLB
      005 STO2
      006 *LBLb
      007 RCL2
      008 RCL1
      009 CF0
      010 GSBE
      011 RCLC
      012 x
      013 STO5
      014 STO0
      015 2
      016 ÷
      017 RCL2
      018 +
      019 RCLC
      020 2
      021 ÷
      022 RCL1
      023 +
      024 STO3
      025 GSBE
      026 RCLC
      027 x
      028 STO6
      029 2
      030 x
      031 ST+0
      032 4
      033 ÷
      034 RCL2
      035 +
      036 RCL3
      037 GSBE
      038 RCLC
      039 x
      040 STO7
      041 F1?
      042 GTO0
      043 GSBa
      044 F0?
      045 GTOb
      046 *LBL0
      047 RCL7
      048 2
      049 x
      050 ST+0
      051 RCL7
      052 RCL2
      053 +
      054 RCL1
      055 RCLC
      056 +
      057 STO3
      058 STO1
      059 GSBE
      060 RCLC
      061 x
      062 ST+0
      063 6
      064 ST÷0
      065 RCL0
      066 ST+2
      067 RCL1
      068 SPC
      069 PSE
      070 PRTX => t
      071 RCL2
      072 PSE
      073 PRTX => u2
      074 GTOb
UP    075 *LBLa
      076 RCL7
      077 RCL6
      078 X=Y?
      079 GTO2
      080 -
      081 RCL6
      082 RCL5
      083 -
      084 ÷
      085 ABS
      086 .
      087 1
      088 5
      089 X>Y?
      090 GTO1
      091 .
      092 5
      093 SF0
      094 GTO2
      095 *LBL1
      096 R↓
      097 .
      098 0
      099 5
      100 X≤Y?
      101 GTO2
      102 2
      103 SF0
      104 *LBL2
      105 RCLC
      106 F0?
      107 x
      108 PSE => Δt
      109 STOC
      110 RTN
UP    111 *LBLE
      112 2
      113 x
      114 Pi
      115 x
      116 5
      117 0
      118 x
      119 R→D
      120 SIN
      121 ABS
      122 LSTX
      123 X≠0?
      124 ÷
      125 RCL9
      126 x
      127 X≷Y
      128 RCLD
      129 RCL8
      130 ÷
      131 1
      132 +
      133 x
      134 -
      135 RCLD
      136 ÷
      137 RCLE
      138 ÷
      139 RTN
```

Abschnitt 4.5.1 in Band 1. Mit den Unterprogrammaufrufen GSB E wird bei Label E in Zeile 111 die aktuelle Zeit t im X-Register und die Spannung u_2 im Y-Register zur Verfügung gestellt. Mit den Anweisungen 112 bis 119 wird der Winkel ωt in Grad gebildet. Die Anweisungen 120 bis 126 dienen zur Erzeugung einer Rechteckspannung mit der in STO 9 abgespeicherten Amplitude. Der berechnete Funktionswert u_2' wird mit der Return-Anweisung in Zeile 139 an das rufende Programm übergeben.

4.1.3 Test- und Anwendungsbeispiel

RC-Integrierglied: $R = 10\ k\Omega$
$C = 1\ \mu F$
$U = 100\ V$
$f = 50\ Hz \mathrel{\hat{=}} T = 20\ ms$ Periodendauer

Vor dem Programmstart sind folgende Eingaben erforderlich:

$t_0 = 0\ s$	in	STO A	Anfangszeit
$U_2 = 0\ V$	in	STO B	Anfangswert der Spannung $u_2(0) = u_2(-0)$ in Volt
$\Delta t = 0{,}001\ s$	in	STO C	Schrittweite Δt
$R = 10^4\ \Omega$	in	STO D	Ohmscher Widerstand
$C = 10^{-6}\ s$	in	STO E	Kapazitiver Widerstand
$R_B = 10^5\ \Omega$	in	STO 8	Belastungswiderstand
$U = 100\ V$	in	STO 9	Amplitude der Eingangsspannung
$T = 20 \cdot 10^{-3}\ s$	in	STO I	Periodendauer

Start [A]:

Als Ergebnisse werden die Wertpaare t, u_2 ausgegeben:

t = 0,001 s
u_2 = 7,977 V

t = 0,002 s
u_2 = 16,615 V

t = 0,003 s
u_2 = 24,354 V

⋮

t = 0,010 s
u_2 = 59,528 V

⋮

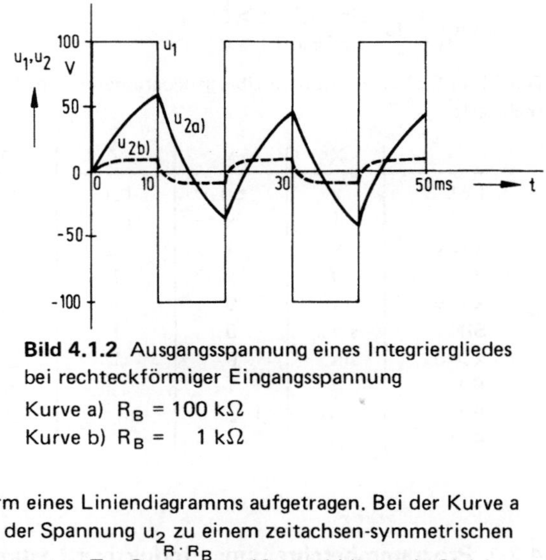

Bild 4.1.2 Ausgangsspannung eines Integriergliedes bei rechteckförmiger Eingangsspannung
Kurve a) $R_B = 100\ k\Omega$
Kurve b) $R_B = \quad 1\ k\Omega$

In Bild 4.1.2 sind die Lösungswerte in Form eines Liniendiagramms aufgetragen. Bei der Kurve a mit $R_B = 10\ k\Omega$ ist auch die Verlagerung der Spannung u_2 zu einem zeitachsen-symmetrischen Verlauf, bedingt durch das mit der Zeitkonstanten $T = C\ \frac{R \cdot R_B}{R + R_B} \approx 10$ ms abklingende Gleichstromglied, festzustellen.

4.2 Induktiver Lastkreis mit Freilaufdiode

Bei der Realisierung von Gleichstromstellern mit Thyristoren oder bei getakteten Netzgeräten treten pulsförmige Ansteuerungen von induktiven Lastkreisen auf. Die Induktivität hat dabei die Aufgabe, die ohmsche Last während der Pulspause aus dem gespeicherten magnetischen Energiepotential zu versorgen. Der Stromfluß wird während der Strompause über eine Freilaufdiode gemäß Bild 4.2.1 geführt. Für einen derartigen Anwendungsfall soll der zeitliche Verlauf des Stromes im Lastkreis bestimmt werden.

Für den Strom i im Lastkreis gilt die Maschengleichung:

$$u = L \frac{d_i}{dt} + i\,R \qquad (4.2.1)$$

$$\frac{d_i}{dt} = \frac{u}{L} - i\,\frac{R}{L} \qquad (4.2.2)$$

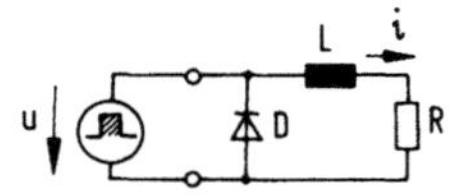

Bild 4.2.1
Induktiver Lastkreis mit Freilaufdiode

Für die pulsförmige Speisespannung u gilt mit der Periodendauer T:

$$u = \begin{cases} U & \text{für } 0 \leqq t \leqq \frac{T}{2} \\ 0 & \text{für } \frac{T}{2} < t < T \end{cases} \qquad (4.2.3)$$

Die pulsförmige Speisespannung mit der Pulsdauer $\frac{T}{2}$ kann programmtechnisch durch eine Vorzeichenabfrage des Sinus aus dem Argument in Grad 360 f t gewonnen werden:

$$u = U\,g \qquad (4.2.4)$$

$$g = \begin{cases} 1 & \text{für } \sin 360^\circ\, f\,t > 0 \\ 0 & \text{für } \sin 360^\circ\, f\,t \leqq 0 \end{cases} \qquad (4.2.5)$$

Die Gl. (4.2.5) wird mit dem Übergabeparameter t im X-Register durch folgende Anweisungsfolge realisiert:

	X	Y	Z	T
LBL 3	x	␣	␣	␣
1	1	x	␣	␣
x⇄y	x	1	␣	␣
0	0	x	1	␣
x⇄y	x	0	1	␣
SIN	sin x	0	1	␣
x>0	sin x	0	1	␣
R↓	0	1	␣	sin x
R↓	1, 0	␣, 1	sin, ␣	␣, sin x
RTN	1, 0			

4.2.1 Programmbeschreibung „Induktiver Lastkreis mit Freilaufdiode"

Da es sich auch hier wieder um die Lösung einer Differentialgleichung 1. Ordnung handelt (Gl. 4.2.2), braucht lediglich ein Unterprogramm mit der Einsprungadresse Label E ab Programmzeile 111 dem Hauptprogramm „Differentialgleichung 1. Ordnung" aus Band 1 (Tabelle 4.2.1 bis Zeile 110) hinzugefügt werden.
Hierzu ist es zweckmäßig, zunächst die Eingabespeicher zu definieren:

1. Vom Hauptprogramm vorgegebene Speicher:

STO A: Anfangszeit t_0 in Sekunden
STO B: Anfangswert des Stromes $i(t_0)$ in Ampere
STO C: Schrittweite Δt in Sekunden

2. Im Unterprogramm festgelegte Speicher:

   STO D: Spannungsamplitude U in Volt
   STO E: Frequenz f der Spannungspulse in Hertz
   STO 8: Widerstand R in Ohm
   STO 9: Induktivität L in Henry

Tabelle 4.2.1 Anweisungsliste „Induktiver Lastkreis mit Freilaufdiode"

```
Start 001 *LBLA
      002 RCLA
      003 STO1
      004 RCLB
      005 STO2
      006 *LBLb
      007 RCL2
      008 RCL1
      009 CF0
      010 GSBE
      011 RCLC
      012 ×
      013 STO5
      014 STO0
      015 2
      016 ÷
      017 RCL2
      018 +
      019 RCLC
      020 2
      021 ÷
      022 RCL1
      023 +
      024 STO3
      025 GSBE
      026 RCLC
      027 ×
      028 STO6
      029 2
      030 ×
      031 ST+0
      032 4
      033 ÷
      034 RCL2
      035 +
      036 RCL3
      037 GSBE
      038 RCLC
      039 ×
      040 STO7
      041 F1?
      042 GTO0
      043 GSBa
      044 F0?
      045 GTOb
      046 *LBL0
      047 RCL7
      048 2
      049 ×
      050 ST+0
      051 RCL7
      052 RCL2
      053 +
      054 RCL1
      055 RCLC
      056 +
      057 STO3
      058 STO1
      059 GSBE
      060 RCLC
      061 ×
      062 ST+0
      063 6
      064 ST÷0
      065 RCL0
      066 ST+2
      067 RCL1
      068 SPC
      069 PSE
      070 PRTX => t
      071 RCL2
      072 PSE
      073 PRTX => i
      074 GTOb
UP    075 *LBLa
      076 RCL7
      077 RCL6
      078 X=Y?
      079 GTO2
      080 -
      081 RCL6
      082 RCL5
      083 -
      084 ÷
      085 ABS
      086 .
      087 1
      088 5
      089 X>Y?
      090 GTO1
      091 .
      092 5
      093 SF0
      094 GTO2
      095 *LBL1
      096 R↓
      097 .
      098 0
      099 5
      100 X≤Y?
      101 GTO2
      102 2
      103 SF0
      104 *LBL2
      105 RCLC
      106 F0?
      107 ×
      108 PSE => Δt
      109 STOC
      110 RTN
UP    111 *LBLE
      112 X⇄Y
      113 STO7
      114 X⇄Y
      115 RCLE
      116 ×
      117 3
      118 6
      119 0
      120 ×
      121 GSB3
      122 RCLD
      123 ×
      124 RCL9
      125 ÷
      126 RCL7
      127 RCL8
      128 ×
      129 RCL9
      130 ÷
      131 -
      132 RTN
      133 *LBL3
      134 SIN
      135 ABS
      136 LSTX
      137 X≠0?
      138 ÷
      139 RTN
```

Das in Tabelle 4.2.1 angegebene Programm beginnt mit der Einsprungadresse Label E in Zeile 111. Im X-Register steht die aktuelle Zeit t und im X-Register steht der aktuelle Strom i(t) zur Verfügung. In Zeile 113 wird der Strom i(t) nach STO 7 zwischengespeichert. Mit den Anweisungen 115 bis 120 wird das Argument 360 f t gebildet, so daß nach dem Unterprogrammaufruf Label 3 die Zeitfunktion g(t) gemäß Gl. (4.2.5) im X-Register zur Verfügung steht. Mit den folgenden Anweisungen der Programmzeilen 122 bis 131 wird die Gl. (4.2.2) ausgewertet und mit der Rücksprunganweisung in Zeile 132 das Differential des Stromes di/dt im X-Register an das Hauptprogramm übergeben.

4.2.2 Test- und Anwendungsbeispiel

Der Stromverlauf eines pulsförmig angesteuerten Stromkreises gemäß Bild 4.1.3 soll in Abhängigkeit von der Zeit für die ersten fünf Perioden der Spannung u bestimmt werden. Es gelten folgende Zahlenwerte:

U = 200 V	R = 100 Ω
f = 1000 Hz	L = 0,1 H

Eingaben:	0	STO A	(Anfangszeit $t_0 = 0$)
	0	STO B	(Anfangsstrom i(0) = 0)
	EEX − 4	STO C	(Schrittweite Δt = 0,1 ms)
	200	STO D	(Spannung U = 200 V)
	1000	STO E	(Frequenz f = 1000 Hz)
	100	STO 8	(Widerstand R = 100 Ω)
	0,1	STO 9	(Induktivität L = 0,1 H)

Programmvorbereitung: Flag 1 setzen, damit die automatische Schrittweitensteuerung unterdrückt wird.

Start [A]:

Ergebnisse: Es werden die Wertepaare t, i mit der Schrittweite 0,1 ms ausgegeben

t [S]	0,0001	0,0002	0,0003	... 0,0010	0,0011	0,0012
i [A]	0,1602	0,3352	0,4937	... 0,4448	0,5627	0,6994

Die Ergebnisse sind in Bild 4.2.2 für die ersten fünf Perioden der Spannung aufgetragen.

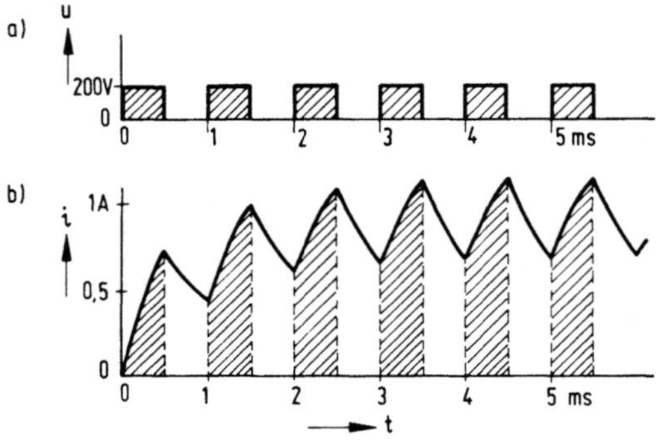

Bild 4.2.2

Spannungs- und Stromverlauf bei pulsförmiger Ansteuerung eines induktiven Lastkreises mit Freilaufdiode

a) Spannung u(t),

b) Strom i(t)

Literaturverzeichnis

[1] *Wörle, H.:* Taschenbuch der Mathematik. R. Oldenbourg Verlag, München, Wien, 1978, ISBN 3-486-24876-6

[2] *Brauch, W.; Dreyer, H.-J.; Haacke, W.:* Mathematik für Ingenieure des Maschinenbaus und der Elektrotechnik. B. G. Teubner, Stuttgart, 1977, ISBN 3-519-06500-2

[3] *Wolf, H.:* Lineare Systeme und Netzwerke.Springer Verlag, Berlin, Heidelberg, New York, 1971, ISBN 3-540-05271-2

[4] *Huelsman, L.-P.:* Digitale Berechnungen in der elementaren Netzwerktheorie. R. Oldenbourg Verlag, München, Wien, 1972, ISBN 3-486-33561-8

[5] *Schultheiß, F.; Weißnigh, K.-D.:* Berechnung elektrischer Versorgungsnetze, Bd. II Übertragungsberechnung. VEB-Verlag, Leipzig, 1971

[6] *Elgerd, O. I.:* Electric Energy Systems Theory: An Introduction, TMH Edition, 1973/75, Tata McGraw-Hill Publishing Company

[7] *Fricke, H.; Frohne, H.; Vaske, P.:* Grundlagen der Elektrotechnik, B. G. Teubner, Stuttgart, Band 1, 1976, ISBN 3-519-26400-5

[8] *Reth, J.; Kruschwitz, H.; Müllenborn, D.:* Grundlagen der Elektrotechnik. Verlag Vieweg, Braunschweig, 1975, ISBN 3-528-14016 X

[9] *Becker, A.; Voigt, H.:* Mathematisches Hilfsbuch für die Wechselstromtechnik. Fachbuch-Verlag Leipzig, 1959

[10] Siemens: Handbuch der Elektrotechnik, Verlag W. Giradet, Essen, 1971. ISBN 3-7736-0313-4

[11] *Steinbuch, K.; Rupprecht, W.:* Nachrichtentechnik. Eine ausführende Darstellung. Springer-Verlag, Berlin, Heidelberg, New York, 1967

[12] *Schäperklaus, W.:* Wechselstromsteller mit Phasenpulssteuerung. Dissertation RWTH Aachen, 1974

[13] *Moeller, F.; Werr, T.:* Leitfaden der Elektrotechnik. B. G. Teubner Verlagsgesellschaft, Stuttgart, 1959

[14] *Blinchihoff, H.-J. & Zverev, A.-I.:* Filtering in the Time and Frequency Domains. John Wiley & Sons, New York, London, Sydney, Toronto, 1976, ISBN 0-471-98679-8

[15] Hütte IV B, Elektrotechnik, Verlag Wilhelm Ernst & Sohn, Berlin, München, 1962

[16] *Millmann, H.; Halkias, Chr.-C.:* Integrated Electronics: Analog and Digital Circuits and Systems. McGraw-Hill Book Company, New York, St. Louis, Düsseldorf u.a., 1972, Library of Congress Catalog Card Number 79-172675

[17] *Tietze, U.; Schenk, Ch.:* Halbleiter-Schaltungstechnik, 3. Auflage, Springer-Verlag, Berlin, Heidelberg, New York, 1974

[18] *Johnson, D. E.; Hilburn, J. L.:* Rapid Practical Designs of Active Filters. John Wiley & Sons, New York, London, Sydney, Toronto, 1975, ISBN 0-471-44304-2

[19] *Saal, R.:* Handbuch zum Filterentwurf. AEG Firmenverlag, D-1000 Berlin 33, 1979, ISBN 3-87087-070-2

[20] *Hoyer, K.; Schnell, G.:* Differentialgleichungen der Elektrotechnik. Verlag Vieweg, Braunschweig, 1978, ISBN 3-528-040920

[21] DIN 19 229: Übertragungsverhalten dynamischer Systeme, Begriffe, Oktober 1975, Beuth Verlag GmbH, Berlin 30

[22] *Cua, L.-O.; Lin, P.-M.:* Computer-Aided, Analysis of Elektronic Circuits: Algorithmus and Computational Techniques. Prentice-Hall, Inc. 1975, ISBN 0-13-165415-2

[23] *Edminster, J.-A.:* Elektrische Netzwerke, 345 ausführliche Lösungsbeispiele, McGraw-Hill Book Company, Düsseldorf, Auckland, Johannesburg u.a., 1976, ISBN 0-07-084373-2

[24] *Doetsch,G.:* Anleitung zum praktischen Gebrauch der Laplace-Transformation. R. Oldenbourg, München, 1961

[25] *Standhammer, J.:* Circuit Analysis by Digital Computer, Prentice-Hall, Inc. 1975, ISBN 0-13-133967-2

[26] *Kaufmann, H.:* Dynamische Vorgänge in linearen Systemen der Nachrichten- und Regelungstechnik. R. Oldenbourg, München, 1959

[27] *Küpfmüller, K.:* Einführung in die theoretische Elektrotechnik. Springer-Verlag, Berlin, Göttingen, Heidelberg, 1959

[28] *Alt, H.:* Beitrag zur Spannungs-Blindleistungsregelung mit gesteuerten Netzkennlinien. Dissertation RWTH Aachen, 1975

[29] *Zinke, O.; Brunswig, H.:* Lehrbuch der Hochfrequenztechnik, Springer-Verlag, Berlin, Göttingen, Heidelberg, New York, 1965

Sachwortverzeichnis

Aktive Filter 73
Amplitudengang 79
Anfangsbedingungen 26
Aperiodischer Grenzfall 27, 29
Aperiodischer Verlauf 27, 28
Areafunktionen 4
Aufgeladener elektrischer Energiespeicher 26

Bandpaß 56, 77
Bandsperre 56
Bessel-Filter 75
Betriebsparameter 58
Butterworth-Filter 75

Determinante 15, 18
Dreieckfunktion 6
Dreieck-Stern-Umwandlung 36

Effektivwertberechnung 40, 41
Einfachmitkopplung 73, 75, 77
Eingangsimpedanz 88
Einschaltvorgang 23, 25
Ergebnisvektor 13
Erregter magnetischer Energiespeicher 28

Filterelemente 57
Fourier-Koeffizienten 40
Freie Schwingung 25, 29
Freilaufdiode 101

Gedämpft periodische Schwingungen 28, 29

Harmonische Analyse 40
Hochpaß 56, 75
Hyperbelfunktionen 4

Induktiver Lastkreis 101
Integrierstufe 99

Kartesische Koordinaten 20
Klirrfaktorberechnung 40, 41
Knotenanalyse 12
Komplexe Grundoperationen 2
Komplexe Widerstände 20
Kurzschlußabschaltung 34

Leitungsdämpfung 92
Leitungsgleichungen 92
L'Hospital 27
Lückende Dreieckfunktion 7
Lückende Sägezahnfunktion 8

Maschenanalyse 12
Matrixinversion 14, 18
Modularer Programmaufbau 2

Netzwerkberechnung 12
Netzwerk-Umwandlung 35
Nulldurchgang 23
Numerische Fourier-Koeffizienten 40

Ortskurve 55

Periodisch alternierende Nadelfunktion 8
Periodische Schaltfunktionen 5
Phasengang 79
Polarkoordinaten 20
Programmodule 2

Reaktanz-Halbglieder 56
Rechteckfunktion 6
Reflexionsfaktor 93

Sägezahnfunktion 6
Schaltfunktionen 5
Schwingkreisberechnung 52
Spaltenmatrix 19
Spannungsvektor 13
Sprungantwort 23, 79
Standard-Unterprogramme 2
Stationärer Endzustand 26
Stern-Dreieck-Umwandlung 36
Stützpunktintervall 40
Symmetrieeigenschaften 40
Systemzeitkonstante 23

Tiefpaß 56, 73
Trapezfunktion 7
Tschebyscheff-Filter 75

Übergangsvorgänge 1. Ordnung 23
Übertragungsdämpfung 92, 93
Übertragungsfunktion 85
Übertragungswirkungsgrad 94

Wellenparameter 57
Wellenwiderstand 93
Widerstandsmatrix 13

Zahlenbereichsüberschreitung 8

Inhaltsübersicht zu Band 1

Angewandte Mathematik – Finanzmathematik – Statistik – Informatik für UPN-Rechner

(Anwendung programmierbarer Taschenrechner)
von Helmut Alt

1 Historischer Überblick

2 Einführung (Rechensysteme AOS/UPN)

3 Programmiertechnik
- 3.1 Speichertechnik
- 3.2 Speicherarten
- 3.3 Indirekte Adressierung
- 3.4 Speicherregister Arithmetik
- 3.5 Programmaufrufe
- 3.6 Dateneingabe
- 3.7 Ergebnisausgabe
- 3.8 Programmverzweigungen
- 3.9 Unterprogrammtechnik
- 3.10 Fehlersuche
- 3.11 Dokumentation

4 Angewandte Mathematik
- 4.1 Quadratische und kubische Gleichungen
- 4.2 Lineare Gleichungssysteme bis vierter Ordnung
- 4.3 Newtonsches Iterationsverfahren
- 4.4 Numerische Integration
- 4.5 Lösung von Differentialgleichungen nach dem Runge-Kutta-Verfahren
- 4.6 Komplexe Rechnung
- 4.7 Harmonische Analyse
- 4.8 Lösung nichtlinearer Gleichungssysteme mit Hilfe der Newton-Raphson-Methode

5 Finanzmathematik
- 5.1 Rentenberechnung
- 5.2 Finanzierungsberechnung
- 5.3 Zinseszinsberechnung für Jahres- und Monatszyklen
- 5.4 Wirtschaftlichkeitsberechnung von Investitionen
- 5.5 Einkommensteuerberechnung

6 Statistik
- 6.1 Gaußsche Normalverteilung
- 6.2 Binominalverteilung
- 6.3 Klassifizierung durch Stichproben
- 6.4 Regressionsanalyse
- 6.5 D'Hondtsches Verteilungsverfahren

7 Informatik
- 7.1 Konvertierung zwischen Zahlensystemen
- 7.2 Code-Umwandlungen

GPSR Compliance

The European Union's (EU) General Product Safety Regulation (GPSR) is a set of rules that requires consumer products to be safe and our obligations to ensure this.

If you have any concerns about our products, you can contact us on ProductSafety@springernature.com

In case Publisher is established outside the EU, the EU authorized representative is:

Springer Nature Customer Service Center GmbH
Europaplatz 3
69115 Heidelberg, Germany

Batch number: 10584556

Printed by Printforce, the Netherlands